U0055139

風雲時代

風雲時代

爆笑版孫子兵法

韓冬◎著

爆笑版孫子兵法

目錄
CONTENTS

目錄

CONTENTS

爆笑版孫子兵法

目錄

CONTENTS

用間篇 ◎329

一本流傳最廣的兵書

韓冬

《孫子兵法》想必大家都非常熟悉了，即便不熟悉至少也會有所耳聞，即便沒有耳聞至少也很感興趣——如果不然，你也不會拿起這本書並且看到這段囉嗦之極的文字了，當然了，還可能會有一個例外，你可能是近視眼，你本身想從書架上取下來的是這本書的鄰居。不過既然現在書已經的的確確在你手上了，那就至少耐心看完這篇前言吧，說不定愛上這本書，買了這本書，看了這本書之後你的人生將從此改寫，你將會變成一個千萬富翁，你從此以後將不會再失戀，將會成爲一個有若干蘭心慧質的美女追的可憐蟲。

《孫子兵法》是中華民族傳統文化之中的又一大塊瑰寶（我在《Q版三十六計》中介紹過一塊名叫三十六計的瑰寶），做爲一本兵書，它廣泛地流傳於世界的每一個角落，備受世人所推崇，英國參謀總長說：孫子兵法應該成爲所有軍事學院的必修課；松下的老大說：只有會背孫子兵法的人才能到松下打工；柯林頓說：如果他能將手頭上的孫子兵法多讀幾遍的話，李文斯基絕對不會得逞的……不光是地球人，外星人對孫子兵法也非常感興趣，韓冬的一個大陸讀者來信，說他被外星人抓去做研究的時候在外星人的洗手間裡發現了原版《孫子兵法》，外星人首領還向他詢問了很多關於孫子兵法的問題，幸虧他事先閱讀過這本書，才得以安全的返回地球。

《孫子兵法》共計十三篇，而沒有《三十六計》三十六篇那麼多，不過字數折合下來跟三十六計差不多，同時《孫子兵法》行文嚴謹幹練，這也就意味著看起來比《三十六計》更加容易睡覺。我透過懸樑刺骨、臥薪嘗膽等殘忍的方式折磨自己，才順暢地將《孫子兵法》閱讀，吃透完畢。本著「我不入地獄，誰入地獄」的大無畏精神，將自己嘔心瀝血之所得呈現給大家，讓大家不用錐子、繩子、蛇等恐怖的東西而輕輕鬆鬆搞定孫子兵法。

《爆笑版孫子兵法》是在《Q版三十六計》之後寫成的，在吸取《Q版三十六計》成功的基礎上，在行文方式，主旨解釋、案例選擇等方面都進行了思考和改進。使得讀者能夠更清晰直接地了解孫子兵法的內涵，案例的選擇也不再僅限於中國古代的戰爭，而是橫貫古今中外，這將有助於讀者更加透徹地搞懂孫子兵法，更加嫻熟地運用孫子兵法。當然，閱讀過程中的輕鬆和搞笑是韓冬不變的追求，但輕鬆決不是做作的輕鬆，搞笑亦不是膚淺的搞笑，這些都是建立在對孫子兵法精神內涵和對歷史事實充分尊重的基礎之上的。相信這本書一定能夠得到您的青睞，並讓你在爆笑之中內涵飆升的。

計篇

打仗不是打架，打不過頂多去醫院躺幾天，再厲害一點頂多也就是一命嗚呼，打仗要是打不過的話，後果的嚴重性讓你想都不敢想，所以在打仗之前一定要三思、四思、五思而後打。要從哪些方面思呢？主要有五方面：道、天、地、將、法。這都是些個什麼東西，且看下面的另類譯文。

打仗只在乎勝負，不在乎你用什麼方法，用偷的和騙的都可以，因為在這裡不評四維八德模範。不管用什麼方法最終要達到的效果就是出其不意。

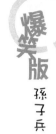

原文

孫子曰：兵者，國之大事，死生之地，存亡之道，不可不察也。

故經之以五事，校之以計而索其情：一曰道，二曰天，三曰地，四曰將，五曰法。道者，令民與上同意，故可與之死，可與之生，而不畏危也。天者，陰陽、寒暑、時制也。地者，遠近、險易、廣狹、死生也。將者，智、信、仁、勇、嚴也。法者，曲制、官道、主用也。凡此五者，將莫不聞，知之者勝，不知之者不勝。

故校之以計而索其情，曰：主孰有道？將孰有能？天地孰得？法令孰行？兵眾孰強？士卒孰練？賞罰孰明？吾以此知勝負矣。

將聽吾計，用之必勝，留之；將不聽吾計，用之必敗，去之。

計利以聽，乃為之勢，以佐其外。勢者，因利而制權也。

兵者，詭道也。故能而示之不能，用而示之不用，近而示之遠，遠而示之近。利而誘之，亂而取之，實而備之，強而避之，怒而撓之，卑而驕之，佚而勞之，親而離之，攻其無備，出其不意。此兵家之勝，不可先傳也。

夫未戰而廟算勝者，得算多也；未戰而廟算不勝者，得算少也。多算勝，少算不勝，而況於無算乎！吾以此觀之，勝負見矣。

另類譯文

孫子教導我們說：打仗是天大的事情，不像泡妞，鐵戒指不行就給她白金戒指；不像武松打虎，這次打不死還有下次；也不像發明燈泡，這次失敗了至少知道了這種材料不能用，只要有錢還可以接著來。打仗是要死人的，亡國的，它關乎到千萬人的身家性命，關係到國家的存亡。在這裡，失敗不是成功的媽媽，可能你的一次失敗就造就千萬孤魂野鬼，其中還會包括你自己也飄在裡面飛來飛去。所以說打仗之前一定要前思後想，站著想，坐著想，邊唱《你究竟有幾個好妹妹》邊想。覺得你還沒有把握取勝，就趕緊歇著準備，覺得你有把握取勝才派部隊出去打。如果你想都沒想，或者是看著遠方假裝在想而實際上沒想，或者是你也想了，但是沒有想明白就派部隊出去的話，那你就死定了，不但死而且還要背上千古罵名：說你是豬腦袋！很恐怖吧，所以還是好好想一下先，想什麼呢？

不是想家也不是想她，在這個時候想這些都屬於胡思亂想。應該從敵我雙方的五個方面來進行分析，通過七種情況來進行對比，最終獲得結果。這，就是著名的「五七十二」定律，這個名詞屬於我首創。這五個方面分別是：政治、天時、地利、將領、法制。事實上，上面說的這五個方面是我從別的地方抄來的，我覺得第一個方面還是用「人和」解釋比較正常一點。就只是對這五方面的解釋都有好多種，從這裡就能看得出來古人說話都似是而非，好讓別人抓不到把柄。

所謂人和，就是你的群眾聽不聽你的號召。他們能不能做到生是你的人，死是你的死人；能不能爲你上刀山、下油鍋，而眉都不皺一下的。這個主要就看你平常對群眾好不好，大家擁不擁護你了。這是一項長期的工作，不是你逢年過節送幾袋麵粉，遭災的時候講兩句口號就能搞定的，正所謂「群眾的眼睛是雪亮的」，說的就是這個道理。如果你到農民家去，說你想吃餃子，他能立即開心地邊唱歌邊包餃子，而且餃子餡裡還肉多菜少，那說明你這項工作做得很不錯；而如果你的人民寧願上山去當土匪，也不願意當你的臣民的話，你就要反思一下自己的做人問題了。

所謂天時，就是天氣時令的意思，是白天還是晚上，晴天還是大霧，有沒有比較流行的西伯利亞的寒流，敵人那邊是寒冷的冬天還是炎熱的夏天。這些看上去似乎都只和出門旅行有關，實際上打仗過程中如果不注意這些是要吃大虧的。穿著夜行衣蒙著面去偷軍事地圖，被抓起來的時候才發現原來這是大白天，這個時候你是不是會覺得很淒涼呢？派了偵察隊伍翻山越嶺地去拍攝敵軍陣地，好不容易爬上了山頂，才發現今日大霧不適合拍照，這個時候你是不是會覺得很失望呢？派了十萬大軍去攻打敵人，去了之後，士兵們都還沒有打仗就已經倒在了床上，原來北方冬天的天氣這麼冷，而你們來的時候都穿著短袖，這個時候你是不是會覺得很無助呢？所以說在打仗之前，天時是必須要考慮的一個方面。

所謂地利，就是你要去的地方離你有多遠，是帶一箱礦泉水呢，還是帶一個鑽井隊跟著呢；一箱泡麵夠不夠吃，還是需要帶著農業專家，背著種子去耕地種田解決口糧問題；路上的情況怎麼樣，是森林還是大海，需要帶登山工具還是扛著大船；要不要爬大雪山，如果要爬的話，就需要多帶點辣椒和二鍋頭；會不會遇到野獸和妖怪，有的話就叫上孫悟空一起走。你和敵人有可能會在什麼地方開打，那個地方是一望無際的平原還是人口密集的大城市，能不能用坦克，適不適合從背後偷襲。

所謂將領，就是帶部隊去打仗的領導怎麼樣，能不能被評爲士兵信得過的將領。因爲不可能每次你都帶著部隊御駕親征，國家還有很多事要你處理，後宮還有那麼多美女要你照顧。看將領怎麼樣不能光看外表，呂布就很帥啊，但是他做人有缺陷，最後還是掛了。要看他是不是聰明伶俐，能不能大公無私，會不會小肚雞腸公報私仇，而且還要勇敢，不但能夠號召別人打衝鋒，自己也要能打衝鋒。如果你派了不合適的將領去，最嚴重的後果是他一到地方立刻帶著你的兵馬一起投靠敵軍；稍微好一點的後果就是全軍覆沒，派出去的人一個都沒回來；再好一點的後果是其餘的人全都掛了，就他一個人傷痕累累地跑了回來，在你面前自刎謝罪。這個時候哭也沒用了。

所謂法制，就是部隊的編制是否合理，各級別的人員有沒有各司其職，後勤保障的財務制度有沒有確立起來。正所謂「沒有規矩，不成方圓」，法制這個東西也是很重要。沒有合理的編制，需要群毆敵人的時候，你一聲令下可能只衝上去了一兩個人，需要單挑的時候，又衝上去比武場都裝不下的一大群人。沒有確立軍費開支和後勤供給制度的話，有可能部隊到了戰場上，才發現糧草兵器什麼的都被司務長捐獻給了一路的貧困人民，拿什麼打仗啊！所以說沒有嚴明的法制，後果不堪設想。

這五方面已經在上面解釋得很清楚了，一定要讓你的將帥出門之前朗誦一遍先，只朗誦不夠，還需要他根據現實情況現場解釋一遍。等他真正的理解了並且能夠靈活應用了，部隊就能取勝，否則就趕緊拉他回來，晚了就來不及了。綜上所述，出發之前需要比較敵我雙方情況的有以下幾個方面：哪一方的老大更深得人心？哪一方的將領更能幹？哪一方占盡天時地利？哪一方法令嚴明並且能夠貫徹執行？哪一方的軍隊人多勢眾？哪一方的士兵更能打？哪一方部隊紀律嚴明？這些方面比較完了，就能知道最後勝利屬於哪一方了。

將領能聽從我的決策的話，就必然可以取勝，就讓他當著將領；將領不聽我的話，派出去也是打敗仗的主兒，就解雇他。沒收他的將軍服和馬車，讓他回去種田。

根據以上的這些對比，得出我方的確占了上風並制定了戰略決策，就可以派兵去打仗了，打仗的過程中，先前制定的那些戰略決策又能被貫徹執行，這樣就比較理想了。接下來就需要隨機應變，根據戰爭發展的情況和敵人的狀況制定相應的措施，從而在勢上壓倒敵人，讓我方保持主動。

戰爭是關乎生死的事情，在這裡不評道德風尙獎，也不評四維八德模範。怎麼能打勝仗就怎麼來，欺騙、造謠、炒作、三八、調戲等手段都可以用到這裡來。如果我們很能打，就假裝老弱病殘；我們要去打，就假裝我們只是來旅遊；我們要打這裡卻往那邊的那邊運送武器彈藥，我們要打那邊的那邊卻要在這裡安營紮寨。總之，就是讓敵人搞不清楚狀況，愈暈愈好。敵軍如果貪錢的話，我們就在地上扔硬幣引誘他們。敵人那邊著火了或者鬧鬼了，我們就要趁機攻擊他，千萬不要覺得不好意思。敵人小弟多的話，我們就要小心防備，他們衝上來了，我們就想辦法避開。敵軍將領如果容易發火是個急性子，我們就要盡情地挑逗他，不斷地騷擾他，讓他心煩意亂神經衰弱。敵軍將領看不起我們，我們就更加示弱，讓他連看都不想看我們一眼。敵人就地安營紮寨歇著的話，我們就趕一群動物運動會上的冠軍綿羊過去，讓他們盡情去追，追到精疲力竭。敵人如果很團結，我們就離間他們，用造謠的方法或者扔一個仙女到敵軍營房裡面讓他們去搶。打他們沒有準備的部分，行軍去他們做夢都想不到的地方。這些陰招兒都是軍事家們獲勝的方法，所以開記者招待會的時候一般不敍述獲勝的過程。所有這些都已經被孫子我編成了書賣了錢，大家都能看到，所以你又不能就按照我寫的上面的東西來做，最主要的就是要融會貫通、舉一反三。出其不意是最高宗旨。

在作戰之前，經過開會討論預計能夠取勝的，那是因爲有利條件多；作戰之前大家都沒有把握取勝，都哭著喊著不要帶隊伍出去打仗，那是因爲有利條件太少。有利條件多再能隨機應變就能取得勝利，有利條件少就不能取勝，更何況一個有利條件都不具備的話，即便帶著孫悟空也沒用。根據這些來觀察，就可以預見誰能取勝笑到最後。

爆笑版實例一

廚師、蘿蔔與一名將軍的自殺

長長的餐桌上，一頭坐著威廉二世，一頭坐著俾斯麥。俾斯麥正低頭猛吃中，威廉二世輕輕地搖晃著手中的葡萄酒，用很有男人味的目光看著杯中的酒。

威廉二世道：「老宰相，像你這麼大年紀而又這麼能吃的人還真是少啊！」

俾斯麥邊嚼著牛肉邊道：「是吧，不知道怎麼回事，身體和胃口一直都很好，全賴我的鐵血政策。你也吃啊，牛肉不錯！」

威廉二世道：「嗯，全世界人都在誇你很強，很有能力，搞定了法國、統一了德國，你還真是厲害啊……」

俾斯麥道：「這都是虛名，就像天上的浮雲一樣。其實我最希望的是我們德國的強大，而不是我個人的名聲，在我的努力和我政策的實施下，德國一定會強大起來的！」

威廉二世輕輕地叉起一塊牛肉送到口中：「國內的工人們都在罵你，稍微衝動一點的還有罵你全家的，你知不知道啊？」

俾斯麥笑道：「那些沒文化的人，管他們幹嘛？以我十九年當宰相的經驗來看，咱們只需要對外堅持和平政策和聯盟政策就一切ＯＫ了。」

威廉二世道：「都十九年啦？幹了一輩子革命工作，也該歇歇了。明天你就不用來上班了，軍權啊軍符啊軍裝啊什麼的，吃完飯後現場交給我就好了。」

雖然俾斯麥竭盡全力據理力爭，但還是被威廉二世罷了官。自此威廉二世獨攬大權，開始了他的獨裁統治。這個時候的德國已不同往日，在俾斯麥等高人們的努力下，她已經有了和老牌資本主義國家們一較高下的綜合國力了。威廉二世每當吃飽喝足的時候，想的就是如何擴張地盤奪取資源。這天，他傳了他的軍師晉見。

威廉二世看著牆上一幅很久以前的世界地圖道：「有沒有資源豐富的風景優美的盛產美女的而且又兵力不強的國家給我們侵略一下？」

軍師道：「陛下，好像已經沒有了！」

威廉二世指著地圖道：「烏克蘭怎麼樣？聽說那邊風景很不錯。中國導演都喜歡去那邊拍電影。」

軍師道：「已經被英法他們給佔領了啊，陛下。」

威廉二世道：「那波羅的海沿岸一帶呢，我喜歡看海。」

軍師道：「也早就被他們霸佔了！」

威廉二世轉過身來道：「這麼過分？那到底還有沒有地盤沒有被他們霸佔的？」

軍師道：「除了南極和北極似乎沒有了！」

威廉二世道：「南極和北極？你是在玩我的吧！看來這個世界的秩序需要打破重新定制了。不是我想生靈塗炭，是他們不留給我地盤，哪怕一點點。軍師，走，去穿軍裝，準備打仗！」

軍師道：「啊！現在？」

威廉二世道：「對啊，現在！再等就連南北極都沒了！」

軍師道：「打仗不是鬧著玩的啊，至少也得準備一下，也得要有個藉口，最起碼也得等到天亮的時候吧！」

威廉二世道：「這麼麻煩？我們德國現在這麼強悍，怕他什麼，讓大家把武器都從倉庫裡面拿出來，一夜時間夠準備了吧。至於藉口嘛，我這兩天總是夢見奧地利的皇太子夫婦，畢竟我跟他們也不是很熟，卻可以這樣反覆地夢到他們，估計這兩天他們就會出事了。到時候立刻開戰，我要地盤，我要資源，我要美女！」

一九一四年六月二十八日，是同往常一樣的一個陽光明媚的日子，這天奧匈帝國皇太子斐迪南攜著自己的老婆蘇菲亞一起到薩拉熱窩訪問。他們站在自己的敞篷車裡，挺著胸部趾高氣昂，不時地向路人揮手。忽然從後面衝出一個塞爾維亞族的愛國青年。兩聲槍響之後，他們先後倒下，血流如注，沒幾分鐘便死了。

【奧匈帝國】

奧皇：「哈哈，太好了，這下有藉口吃掉塞爾維亞了，早就想打他們了，只是沒有藉口。」

奧宰相：「陛下，太子和太子妃才剛死，陛下不要這樣囂張的大笑吧！」

奧皇道：「唉，可憐他們啊，死得這麼突然，或者是定數吧！你說我們現在對塞爾維亞宣戰行不行？法國和俄國他們會不會出兵干涉？」

奧宰相：「照我看，肯定會！他們一個個就像得了甲狀腺機能亢進一樣精力過剩，哪裡有事哪裡就會有他們的身影。要是真的打起來，我們不一定能打得過他們啊，畢竟他們地盤又大錢又多。我們不是和德國關係不錯麼，看看他們怎麼說。」

【德國】

威廉二世道：「軍師，你有沒看今天的報紙啊？斐迪南夫婦真的成了亡命鴛鴦，在朗朗晴空之下發生這樣悲慘的流血事件，真是太……好了！我們這就起兵吧！」

軍師道：「果然，陛下的夢果然靈驗。不過我們都還沒有做好打仗的準備，是不是再等等。」

威廉二世道：「你們讀書人就是畏首畏尾，一點男子漢氣概都沒有！我們現在又有錢、武器又強，能打的才是最強的，我們怕什麼！」

軍師道：「可是，斐迪南夫婦是奧匈帝國的皇儲啊，他們死了關我們什麼事，我們就這樣說要挑戰英法俄他們，會不會顯得有點牽強啊，陛下？」

這時飛進來一隻汗流浹背的鴿子，鴿子腿上綁著好厚的一封信，那鴿子剛飛到威廉二世跟前就倒地斃命了。

威廉二世道：「信鴿的缺點就在於負重量有限，看看是誰的來信，這麼厚一疊……機會真的來了，奧皇想挑戰塞爾維亞，又怕法國和俄國插一手進來，希望能和我們合作。這樣不就名正言順了。好，就這麼訂了，趕緊宣戰吧！」

軍師道：「可我還是覺得……」

威廉二世道：「覺什麼得什麼啊，再反對我廢了你。」

七月二十八日這天，是斐迪南夫婦遇害滿月，奧匈帝國終於向塞爾維亞宣戰了，果然沙皇俄國真的要插一手進來，並且對全國人民進行了戰鬥動員和戰前教育。威廉二世接著發了主席令宣佈全國處於戰爭威脅狀態，一天之後，他就正式對俄國宣戰，接著又對法國宣戰。奧皇看德國這麼天不怕地不怕，很能罩得住的樣子，也就鼓起了勇氣向俄國宣了戰。英國怕大家打起來砸壞了他的家具，也進入了戰爭。就這樣短短幾天之內，歐洲的各個帝國主義大國都進入了這場戰爭。第一次世界大戰爆發了。本來只屬於普通刺殺遇害者的斐迪南夫婦，背上了一個導火線的名號流傳百世。

以爲打仗只需要打就行了的威廉二世，沒有料到戰爭一旦打起來根本就不是自己所能控制的，發生的也都是自己所意想不到的事情。以下就是發生在一戰時期，德國軍營裡面的幾段對話：

（片斷一）

士兵：將軍，給您地圖。

將軍：上個世紀的地圖！這個時候你還跟我開玩笑？

士兵：您再看看這張。

將軍：靠，這是自然公園的示意圖！

士兵：真的沒有別的地圖了，我都翻遍了檔案館的角角落落啦！

將軍：……蒼天啊！

士兵：快來人啊，將軍暈過去了！

（片斷二）

將軍：快開槍啊，敵人已經在射程範圍之內了。

士兵甲：扳哪個東西子彈就可以打出去啊，將軍？

將軍：你不會用槍？

士兵甲：很正常啊，我一直都是開車的，昨天被調到這邊來的。

將軍：那你呢？怎麼你也不開槍？

士兵乙：我是炊事班的，只用過菜刀，沒用過槍……

將軍……救命啊！

士兵甲：快來人啊，將軍吐血了！

（片斷三）

將軍：運送物資的車到了吧！

士兵：報告將軍，已經在門外了。

將軍：有了這批彈藥，我們至少可以撐到援軍來了。

士兵：彈藥？怎麼不是蘿蔔嗎？

將軍：蘿蔔？我去看看。

士兵：將軍看到了吧，都是上好的胡蘿蔔。

將軍：我要的是彈藥，不是該死的蘿蔔。

司機：上面的命令說是你這邊缺蘿蔔的啊，這麼遠的路拉回去也不可能了，要不然將軍你將就著用吧！

將軍……再見！

士兵：將軍，將軍，你要去哪裡？當心啊將軍！

將軍：啊！

司機：竟然自己衝出去送死，真是笨！

威廉二世對於所有這些戰場上發生的聞所未聞的事情竟然視而不見，依舊相信只要武器夠勁兒，人夠多，就能打勝仗，就能奪得資源豐富礦產豐富又盛產美女的殖民地。他甚至想以閃電戰的方式吞併法國。德軍和法軍在馬恩河一帶集中了大部分兵力進行了一場大戰，結果，德軍慘敗。

德軍參謀長對前來視察的威廉二世道：「陛下，看來我們已經輸了，再打下去只會愈來愈慘，損失愈來愈大的。這樣打仗划不來的！」

威廉二世道：「不想打了是吧？划不來是吧？回家賣紅薯比較划得來，你回家去吧，從現在起你不是參謀長了。」

本來威廉二世想以閃電戰攻佔法國，經過那樣一戰之後看情況不對，立刻調整了口號，新的口號是：「讓法國把血流盡」。德國雖然很有勢力很有拚勁，但是因爲準備不足，就這樣和法國僵持著，僵持了兩年，祖宗留下來的基業都被戰爭消耗得差不多了，經歷了凡爾登戰役之後，人也死了大半。撐到一九一八年的時候終於撐不下去了，向法國舉了白旗請求停戰。法國給了威廉二世一張停戰協定單，上面的條件令聞者傷悲，見者落淚啊：「一個月內交出萊茵河以西的德國領土，萊茵河以東三十公里的德國領土交給聯軍。裡面的所有東西都得留下，包括破舊報紙；交出巡洋艦、戰艦、潛水艇等水裡面的東西二百三十四艘，木頭船不要；交出空軍全部的飛機，模型不要；交出陸軍五千門大炮……」德國徹底地被廢了。

威廉二世從此擡不起頭來，出門都得化妝讓別人看不出來。十月革命之後，他閃去了荷蘭了後半生。據江湖傳聞，他在荷蘭的時候曾經在盜版書攤上看到了被翻譯成德文的《孫子兵法》。當他蹲在那裡看完整本書，老闆要趕他走的時候，發現他已經淚流滿面。

殘陽如血，一個老人走在荷蘭街頭，馱著背，低著頭，淚流滿面，口中不斷地念著：「爲什麼我不早點看到《孫子兵法》呢，爲什麼我不早點看到《孫子兵法》呢……」

韓冬 Say

在這個案例裡，威廉二世就是典型的「況於無算呼？」的人。只知道享受宣戰時很強勢的感覺，想著打了勝仗之後，美好生活的做夢的感覺。而不知道為戰爭做準備，哪怕是一點點的考察都不知道做。真正打起來的時候，手忙腳亂到不知所謂，最終將俾斯麥和先輩們好不容易創造的基業毀於一旦。後悔嗎？晚啦！

爆笑版實例二

拉風的男人是怎麼死的

劉備離開荊州的時候對關羽說：「好兄弟，荊州是我又哭又鬧才騙來的，而且是兵家重地，曹操孫權都想拿，你可要守好了，有沒信心？」

關羽道：「放心吧，大哥。我在荊州在，我不在荊州也會在。」

孫權經常站在河邊向荊州方向眺望：「悔不該啊悔不該，悔不該當初看劉備那麼可憐，哭得那麼肝腸寸斷就把荊州借給他。這一借倒成他的地盤了，我去旅遊都要辦簽證才行，真是悶啊！」

周瑜輕輕走上來道：「當初我就知道劉備只是淚腺異於常人才會哭成那樣，如果能聽我的話就不會有現在的局面了，不過我們遲早會把荊州拿回來的。」

孫權道：「啊，周公瑾，你不是已經被諸葛亮氣死了麼？」

周瑜唰一下就不見了。孫權搖搖頭道：「唉，果然是幻覺，最近幻聽幻視愈來愈頻繁了，得想想辦法了。荊州啊，我心中永遠的痛！」

呂蒙道：「現在他們對荊州已經有所鬆懈，而且，如果我們和曹操配合的話，一定可以將荊州拿回來的！」

孫權道：「啊，你什麼時候來到我背後的？莫非又是幻覺！」

呂蒙目光蒼茫地眺望著荊州：「別幼稚了，哪會有那麼多好玩的事情給你玩。還是面對現實，想辦法拿回荊州才是真的。」

孫權道：「好，這件事情就派你去辦了，一定要辦得妥妥當當的，回來之後給你升官。」

呂蒙帶著部隊來到了陸口，並將部隊駐紮在這裡。他經常對關羽說孫劉兩家是聯姻，是親家，關係這麼好，還有共同的仇人曹操，兩邊做部下的也應該像一家人一樣相親相愛。而且他又對關羽的爲人和武功敬佩得五體投地，現在能被孫權派來這邊駐守，可以和關羽離得這麼近，他真是開心到非常。他還不時地派人給關羽送去好吃好喝的，每晚睡覺前會給關羽發條祝福的簡訊，更有甚者在網路掃黃之後，他找到好的黃色網址也會給關羽發過去。

關羽對呂蒙漸漸地失去了戒心。但是諸葛亮的「不可親信別人，特別是孫權的人！」的名人名言，又時刻地迴盪在他的耳邊，因此在他要帶兵北上攻打魏國樊城的時候，他還是留了一部分的兵力來防守公安、南郡一帶，接著他又從士兵裡面挑了眼神比較好的那部分人，部署在長江沿線作爲監視崗哨。

呂蒙清晨出門，舉起望遠鏡觀察那邊的情況的時候，就看到幾十雙炯炯有神的眼睛正盯著他看，看得他臉都紅了，慌忙轉身走進了營房。呂蒙慌忙聯絡了孫權，兩人你一言我一語地聊了起來。

呂蒙：不好弄啊！

孫權：我就知道你打不過關羽，他那麼能打，那麼有名。

呂蒙：我也沒有想和他打，只是想讓他更加放鬆警惕，好乘機下手，沒想到我給了他那麼多好處，連我的私藏都給他了，他還是對我這麼戒備。

孫權：你的私藏？什麼東西，你竟然私藏東西不讓我知道，拿出來看看先。

呂蒙：就幾個網址，沒什麼好看的。

孫權：哇，形勢這麼嚴峻的情況之下，你還可以搞到網址，快點給我。

呂蒙：我們先談正事吧，你就說我有病，然後把我調回去吧，同時我分散一下兵力，好讓關羽徹底地放鬆警惕。

孫權：這沒什麼問題了，反正你是個藥罐子天下人都知道，不是腸炎就是扁桃腺炎的，我這就調你回來，記得帶好私貨。

呂蒙：收到！那我去收拾東西了，886。

孫權：嗯，記得我交代的事情啊，88。

呂蒙下線之後，圍了條圍巾在脖子上假裝自己扁桃腺發炎，然後帶了自己一部分的士兵敲鑼打鼓地在對面數十雙炯炯有神的目光下離開了陸口，返回了建業。

陸遜去看望呂蒙的時候，呂蒙還在圍著圍巾裝病之中。

陸遜道：「好了，別假裝了！快點起來，我們商量點事情。」

呂蒙道：「啊，這樣都被你看出來了，你真厲害！」

陸遜道：「你以爲脖子上圍個圍巾就是扁桃腺發炎啦，扁桃腺發炎發到不能工作的人能像你這樣大口地吃著水煮肉片麼？好啦，快起來商量正事兒，看看怎麼才能搞定關羽，拿回荊州吧！」

呂蒙聽得陸遜此言，興奮地從床上坐起來，將水煮肉片推到一邊：「莫非你也在想這件事？」

陸遜道：「從軍這麼久了，我還沒有立過大功，這是機會。我覺得你的基本路線和方針是對的，就是讓關羽放鬆警惕，然後我們伺機拿回荊州。」

呂蒙道：「知音啊，爲什麼沒有早點遇到你呢，問題就在於因爲我名氣太大，關羽對我警惕性很高。孫子不是都說要『攻其無備，出其不意』，方可取勝麼。」

陸遜道：「所以說你的基本路線是基本正確的，關羽那麼能打，正面衝鋒的話，十個我們都不夠他殺的。正因爲如此，所以他自以爲天下第一，看人都眯著眼睛……」

呂蒙道：「他的眼睛本來就是那樣子的形狀啊！」

陸遜道：「我的意思是他很驕傲，自以爲自己武功高鬍子長就天下無敵，這樣子的人最容易輕敵。我沒有什麼名氣，而且年紀又小，現在如果派我去的話，他肯定不會防備那麼嚴了，然後我們來他個攻其不備，荊州就可以攻破啦！」

呂蒙道：「聽上去好像很不錯的樣子，行不行啊?!」

陸遜道：「總比你這樣裝病要強多了吧！」

呂蒙去掉自己脖子上的圍巾，立刻聯絡了孫權。孫權先誇了呂蒙大公無私的貢獻私藏，接著詢問陸遜的情況，呂蒙做了如下陳述：陸遜才幹出眾，年紀小，沒什麼名氣，連您都不知道他。這樣便可麻痹關羽，我們需要的就是關羽的麻痹。這個任務非他莫屬。孫權於是任命陸遜爲副將，代替呂蒙駐守到了陸口。

陸遜去陸口的時候，只背了一捆信紙，別的什麼都沒帶。一到陸口，就開始給關羽寫信，言詞比呂蒙當初寫的要不知肉麻多少倍。他先誇關羽的外觀，說他身材魁梧肌肉發達很有男子漢氣概，眼睛眯縫天生利於聚焦，皮膚古銅色傾倒無數少女，幾尺長的鬍子拉風無比，穿四十五號鞋子的大腳利於奔跑跋涉等等。接著誇關羽有內涵有文化講義氣，是男人的典範和楷模，立下的赫赫戰功前無古人後無來者，韓信也只能望其項背，呂布只配給他提鞋。他不但誇關羽，而且還貶低自己，說自己是一介文弱書生，抓隻雞都要費上半天的工夫，說自己是書生都是擡舉自己，在學習的年齡他自己墜入了愛河，因爲太早戀愛什麼都沒學到，文也不行武也不行，要請關羽多多指教幫助。

就這樣，寫完了一捆信紙，累死了無數信鴿，關羽終於掉進了陸遜的圈套，以爲自己真的那麼偉大，陸遜真的那麼衰，憑藉自己的威懾力，陸遜就一動也不敢動了，他於是加緊了對樊城的攻打，又調走了荊州的一部分守兵，包括那些眼神很好的也被調走了。

樊城那邊也打得不太順利，關羽在那邊和魏軍展開了激烈的戰鬥。呂蒙這邊率領著大軍從長江逆流而上前來搞事。爲了蒙蔽關羽留在荊州的部隊，呂蒙將他的戰船全部裝扮成了商船，裡面裝滿了箱子，箱子向外的那一面上面都寫著「易碎物品　禁止踩踏」，他讓士兵們都躲在箱子裡面。划槳的那些士兵都被換上了白色的衣服，胸口寫上了「商人」二字。就這樣，大軍乘風破浪地沿江前進。夜幕降臨了，火把的光明總是很有限的，關羽留守在沿岸的崗哨們還不知道怎麼回事就被人捂了嘴從背後給捅了。呂蒙的戰船接著不分晝夜地前進，終於到達了南郡和公安一帶。

顯然關羽留下來的軍隊對於吳軍的到來是沒有預料的。因爲他們的第一句話不是：「吳軍來啦，抄傢伙，砍啊！」而是：「你們幹嘛穿著吳軍的衣服，很好玩麼？」他們手無寸鐵地被吳軍張牙舞爪地圍了起來，全部都投了降。就這樣打都沒打，呂蒙就拿了荊州的首府江陵。

直到江陵被吳軍拿下的時候，關羽才得到吳軍進攻的消息。無奈之下，他只好退守麥城——一座沒有多少麥子的城鎮。不久之後，麥城也被包圍了，雖然勇猛卻還是因對方人多且不乏能人，關羽在突圍的時候終於被抓了，接著就被砍了頭。一代英雄，就此離開人世。

韓冬 Say

關羽何等瀟灑，何等神勇，最後卻大意失荊州，敗走麥城。在寫這篇的時候我很傷心，很難過，爲關羽難過，像他這樣拉風的男人，這樣男人中的男人，我寧願寫他壽終正寢或是戰場上一個不小心。而不是被人逼來追去，走投無路，可歷史畢竟是歷史。「攻其無備，出其不意」要從兩方面來看，對敵人，對自己。

爆笑版實例三

草船借箭

劉備：你賴皮，我都還沒有準備好！

曹操：哈哈，打的就是沒準備好的。

就這樣，劉備被曹操打敗了，一路跑到了荊州和孫權搞聯合，共同抵抗最有實力最有魅力的曹操。曹操帶領大軍南下，一路打到了長江北岸，同東吳大將周瑜在赤壁隔江相望。諸葛亮到東吳這邊來幫忙，本來在媒體上，諸葛亮就因爲足智多謀而出名，到了東吳這邊之後，想事情處處都顯得比周瑜聰明和周全，到了這邊之後，他還發明了自動削皮機和迷你磨墨機器人，省去了丫鬟們削蘋果皮和磨墨之苦。周瑜初以瀟灑的外表和著裝的新潮著稱，後來他向世人證明了他不但有外表，更加有頭腦，在他的帶領之下，東吳也打了不少勝仗，且軍隊訓練非常有素。他一方面嫉妒諸葛亮；另一方面知道孫劉的聯合也只是暫時的，總有一天兩家要拚個你死我活，於是決定要除掉諸葛亮，這個劉備的鐵杆軍師，這個詭計多端的，不管春夏秋冬都要拿著一把扇子的男人。

怎麼才能除去諸葛亮呢？下藥、挖陷阱、意外事故、暗殺、開瓦斯？都不行，諸葛亮是被劉備派來給我們幫忙的，全國人民都知道這一點，要是忽然死在我們這裡，不知道那些小報會推測出什麼樣的內幕來呢，跟劉備也不好交代啊。看來只有分配給他一個不可能的任務讓他去做，他搞不定的時候再名正言順地砍他的頭，哼哼，諸葛亮啊諸葛亮，不是我太陰險，怪就怪你生錯了年代——和我同一個年代。

周瑜做完上面這一段的心理活動之後，就大喊魯肅。

周瑜：魯肅……魯肅……

魯肅：都督什麼事啊，叫得這麼急！

周瑜：把我們所有的箭都拿去做了工藝品出售，給造箭場工人放半個月的假回家休息，順便把諸葛亮叫過來，我和他商量點事情。

魯肅：曹操正隔江相望，水戰正是用箭之際，都督你卻要把箭做成工藝品，想清楚了沒？

周瑜：我自有安排，你照我說的去辦就好。

晚飯之後，魯肅就帶著諸葛亮來了。

周瑜：吃了嗎？

諸葛亮：吃了，吃了，多謝都督關懷。

周瑜：現在曹操大兵壓境，在河的那邊紮了營準備和我們大戰了。水戰我不擅長，不知道先生以爲水戰之時最適合用哪種兵器？

諸葛亮：我是北方人，也不是很熟悉水戰，不過爲了戰勝曹操，這兩天我也一直在想這個事兒。想來想去我覺得，用抽水機把水抽乾最好！這樣都督您就可以衝過去打了！

周瑜：抽水機？還不如請來精衛把江填平呢！江水源源不斷，怎麼可能抽得乾，我看你真是愛說笑。先生你就別假裝了，我知道你知道用什麼兵器好，你就是不說，說出來吧您就。

諸葛亮：我是真不知道，那要不然就用碰碰船，只要我們鎮定自若，方向把握得好定能取勝！

周瑜：好啦，先生，您說出那個兵器又能怎麼樣呢？頭尖尖的，長著尾巴的，可以射出去的那個是什麼？

諸葛亮：飛刀！

周瑜：……不是扔出去的，是搭在弓上射出去的那個。

諸葛亮：箭！

周瑜：既然先生你覺得應該用箭，那就請先生在十天之內造出十萬支箭來以備戰爭之用。目前我們國內是一支箭都沒有了，都做成工藝品賣了。

諸葛亮：我就知道沒有好事，真不該說出來。

魯肅：十天造出十萬支箭來，這個要求也太過分了吧。而且造箭廠工人又都剛剛放了假，即便不放假，十天不分晝夜地做，也造不出來啊。

諸葛亮：都督這是擺名了要玩死我啊，魯兄不用擔心，十萬支箭不用十天，三天我就可以造出來。

周瑜：三天?!這可是你說的啊！我們說的可是人間的時間，不是天宮的，也不是火星的。

諸葛亮：我跟你說的就是人間的三天。

周瑜：這可不是我逼你的，魯肅可以作證，空口無憑，我們立個軍令狀吧。

諸葛亮：怕你啊！

諸葛亮立了軍令狀，上面清楚地寫著他要在三天之內造出十萬支箭來，不然就受軍法處置。

諸葛亮簽字畫押之後，周瑜獰笑著收起了這封軍令狀。魯肅是個厚道人，在一旁暗暗地爲諸葛亮叫苦。這天晚上，魯肅以爲諸葛亮會熬夜造箭，前去幫忙，才發現諸葛亮早就呼哧呼哧地睡著了。第二天，諸葛亮擺了酒席請了東吳的人吃飯，在飯桌上依舊談笑風生，大口吃肉大碗喝酒，絲毫沒有爲造箭著急的跡象。第三天依舊如此。魯肅暗自想：平常很嚴於律己的諸葛亮怎麼會這樣地鋪張浪費請客吃飯起來，而且這也不是什麼節日。該不會是他造不出箭來，想要多吃點多喝點之後上吊吧！於是魯肅跑到諸葛亮處去，打算好好替他做心理輔導。

魯肅：即便造不出箭來，也不用死啊，先生。三天造十萬支箭本來就是不可能的事情，我想沒有人會忍心對你軍法處置的，你不能這樣自暴自棄啊。

諸葛亮：什麼死，什麼自暴自棄？我已經想到造箭的方法了，不過需要你幫忙。以下我給你說的話千萬不能告訴周瑜，不然我就真的死定了。

魯肅：先生您放心吧，只要我能幫得上忙的，我一定盡力而爲，連作者都說我是厚道人了，我還能怎麼辦。

諸葛亮：你給我準備幾十隻船，每條船上都紮滿稻草人。同時呢，船上多準備些鑼鼓臉盆什麼的能發出聲響的東西，今天晚上準備好沒有問題吧。

魯肅：問題倒是沒有，不過這樣估計嚇不走曹操的。

諸葛亮：沒有說要拿草人嚇他的啊，準備好就好了，我自有安排。

魯肅：怎麼你們都喜歡說「我自有安排」呢？難道這就是高人的表現？好了，我去準備了魯肅也明白，調那麼多船到江邊，上面還要紮稻草人這麼大的動靜，要不讓對工作非常敬業的周瑜知道是非常困難的，於是他就到天黑以後才開工，等所有的東西都準備好的時候，已經是半夜了，遠遠的就見好多黑影走了過來。

魯肅：誰啊，誰啊？報上名來！

諸葛亮：魯兄，是我啊，怎麼連我都不認識了？

魯肅：我說我怎麼看不清楚人了，原來是霧，先生你打算怎麼弄箭出來啊？

諸葛亮：上船先，我帶了酒菜來，我們只管好好吃菜喝酒就好了。

魯肅：啊，又是吃吃喝喝？晚上吃東西會發胖吧，先生。

諸葛亮不由分說地將魯肅拉上了船，命下人在船艙裡面擺好了酒菜。兩人開始喝酒聊天，魯肅不時地向外張望，當他發現船正是要往對岸曹營開去的時候，嚇了一大跳。

魯肅：先生？你想幹什麼？

諸葛亮：我自有安排。

魯肅：哇，又是這句。你該不會是臨死前拉個墊背的吧，我對你那麼好，你怎麼可以這樣對我啊……算了，不管那麼多了，喝酒！

魯肅不勝酒力，加之心中懷著恐懼和悲壯之情，不到半個小時就喝倒趴在桌子上了。船快到曹營的時候，諸葛亮命令手下道：「好了，船不要再往前開了，大家開始邊敲鑼打鼓邊喊吧！」手下道：「我們是喊殺呢？還是喊衝啊呢？還是喊我們來了呢？」諸葛亮道：「這個嘛……就亂喊吧，想喊什麼喊什麼，能發出最大的聲音就好了！」於是所有船上的將士開始邊敲邊喊，有的喊的是「啊」，有的喊的是「老婆，我愛你」，有的喊的是「劉備萬歲」。曹營那邊收到聲音出來查看，因爲大霧只能看到江面上船隻的黑影，搞不清楚對方有多少人有多少條船，也不知道水裡面會不會有埋伏，是以不敢輕易派船出戰。

大將：丞相，怎麼辦？不如我們用投石車砸吧！

曹操：投石車？不好吧，石頭砸進水裡面水面就會升高，要是溢出來的話會淹了營房的，而且那個投石車也沒有完全研製成功，經常砸到自己人啊！我看還是用箭射吧！

大將：是！

於是曹營這邊的箭，就像斷了珠子的門簾子一樣，向諸葛亮他們的船上飛去，在空中發出「嗖，嗖」的聲音。插到稻草人身上發出「噗哧，噗哧」的聲音。這時忽然起了風，而且風是向曹營那邊刮的，刮得諸葛亮他們的船快速地向曹營那邊跑去，這麼幾個人，要是被風刮到曹營裡面去，那就死定了。

諸葛亮：哇，不會吧！這個好像沒有算到……

好在他們的船愈往曹營那邊移動，那邊的箭就射得愈急，衝力也就愈大，而且隨著稻草人身上的箭愈來愈多，船的重量也就愈來愈大，終於船止住了往曹營移動，看箭造得差不多了，諸葛亮命人開始往回走。等霧散風輕，曹操看見虛實想去追趕的時候，已經來不及了，只好眼睜睜地看著裝滿箭的船駛回東吳去。

魯肅：怎麼了，怎麼了？發生什麼事情了？

諸葛亮：魯兄終於睡醒了啊，你瞧，十萬支箭都在這兒呢，還有多的呢！

魯肅：啊，你請神了莫非？

諸葛亮向魯肅講了整個事件的過程，聽得魯肅膽戰心驚的。萬一曹軍真的用了投石車，萬一船被刮到了曹營那邊，萬一曹軍射的箭太多，船的負荷不夠被壓沈，萬一他們射火箭……後果都不堪設想啊！諸葛亮道：「這些我都已經計算過了，情有多深、霧有多濛、風有多大、箭有多沈，都是一個好的領導應該可以掌握和計算的，這就是所謂的『多算勝，少算不勝』的道理了。」末了，諸葛亮還搖著扇子，極其睿智地乾笑了幾聲。

韓冬 Say

「草船借箭」是我們從小就學過的故事，諸葛亮的足智多謀和鎭定自若在這一案例裡面表現得淋漓盡致，然而作爲千古名人，他更厲害的地方就在於可以上算天文，下算地理，中間算人的性格。三天造十萬支箭，如果不是在神話故事裡面是絕對做不到的，更何況有周瑜的刁難，諸葛亮能夠按時、保質、保量地完成任務，不僅在於他對曹操性格的了解，更在於他的「多算」。

作戰篇

打仗不是去度蜜月，時間愈長愈好，帶著十幾萬人去度蜜月，虧你想得出來。就光只是一天的口糧都夠好好地捐助一下衣索比亞了，再有錢的國家也經不起這麼吃的，所以說打仗講究的就是一個速度，行軍要快，打架要快，撤軍的時候同樣要快，最好能拿出「趕著去投胎」的速度來進行。

沒有槍沒有炮自有那敵人送上前。吃他的，拿他的，接著再打他。這才是打仗的最高境界。

原文

孫子曰：凡用兵之法，馳車千駟，革車千乘，帶甲十萬，千里饋糧。則內外之費，賓客之用，膠漆之材，車甲之奉，日費千金，然後十萬之師舉矣。

其用戰也勝，久則鈍兵挫銳，攻城則力屈，久暴師則國用不足。夫鈍兵挫銳，屈力殫貨，則諸侯乘其弊而起，雖有智者，不能善其後矣。故兵聞拙速，未睹巧之久也。夫兵久而國利者，未之有也。故不盡知用兵之害者，則不能盡知用兵之利也。

善用兵者，役不再籍，糧不三載，取用於國，因糧於敵，故軍食可足也。

國之貧於師者遠輸，遠輸則百姓貧；近於師者貴賣，貴賣則百姓財竭，財竭則急於丘役。力屈、財殫，中原內虛於家。百姓之費，十去其七；公家之費，破車罷馬，甲冑矢弩，戟盾蔽櫓，丘牛大車，十去其六。

故智將務食於敵。食敵一鍾，當吾二十鍾；萁杆一石，當吾二十石。

故殺敵者，怒也；取敵之利者，貨也。故車戰，得車十乘已上，賞其先得者，而更其旌旗，車雜而乘之，卒善而養之，是謂勝敵而益強。

故兵貴勝，不貴久。

故知兵之將，生民之司命。國家安危之主也。

另類譯文

孫子教導我們說：凡是要派兵去打仗之前，都要準備好多好多東西。只有速食麵和榨菜是不夠的，即便再加上幾根火腿也是遠遠不夠的。要準備戰車千輛，裝載車千輛，而且這些車都不是拿出來就能用的，至少要給它們安上輪胎、配備上牛或者馬，最好還能擦拭一新，這樣開出去才夠拉風的。還要有官兵十萬，後面有拉著糧草的車跟著他們千里走天涯。你也不能說派人家出去就立刻讓人家上路，至少要請吃飯吧，而且這規格還不能太低，一人兩個花卷這樣的規格，你自己也很難拿得出手吧我想，請十萬人吃一頓規格不能太低的飯，這又是一大筆錢。而這所有的人手裡頭都得拿著傢伙吧，這樣才夠威懾力，才能打，有的人喜歡柳葉彎刀，有的人喜歡小李飛刀，還有人喜歡金箍棒。所有這些武器都不能拿木頭的來呼嚨人，不說不銹鋼的吧至少也得是鐵的，這又是一大筆。現在可以上路了吧，好像有什麼地方不對勁，對了，你還沒有給他們穿衣服呢，即便是你爲了省布料全部給他們只穿內衣，因爲女兵要比男兵多用兩塊布料，所以我們只招男兵，給十萬男兵一人縫一件內褲也得要大卷大卷的布料送到裁縫那邊，更何況你不可能就讓他們這樣上戰場，會著涼的啊，哥哥。這樣一人再給做一件盔甲，又是一大筆。

一切都準備好了，終於可以出門上戰場了，路上吃的喝的拉的還在不斷地消耗著金錢。這就需要你必須夠快地解決戰鬥，怎樣快怎樣來，要只是紮營在山花爛漫處歇著的話，軍隊的銳氣就消失不見了，而且大自然還有可能會陶冶出他們善良厭戰的情操來，這樣扛著梯子去攻城的時候，就會很沒有殺傷力。這樣一來，軍隊沒有殺傷力，還掏空了國庫，國內的兵又都派出去了，周圍的那些壞蛋就會乘機派兵來侵犯我們，即便是諸葛亮在世也無法挽救這局面了。空城計？他坐到城牆上可能還沒開始彈琴就被一彈弓打到城牆下面去了。國家會很快地被攻陷，前方的士兵打打不動，回回不來，除了投降就剩私奔一條路了。所以說自古至今只見過不會打仗但是靠速戰取勝的，而沒有見過被評爲十大傑出將領的人會把戰爭拖得很久，青少年出發頂著一頭白髮回來的。把戰爭拖得很久而有利於國家發展建設這麼荒誕的事情是從來沒有過的。除非你打的是一場生物戰，派出去的是一群老鼠，而這些老鼠都受過專門的教育，只知道一個勁地吃敵人的東西，而且見什麼吃什麼。因爲在孫子我活著的時候，這種技術性很高的戰爭還未曾有過，所以不在討論之列。綜上所述，速度是第一位的，不知道用兵對國家有什麼害處的人，就不能明白用兵的好處，打仗也是要講究效益的。

善於用兵的人，不會再次從國內徵兵，整個國家的青壯年男子就那麼多，都被征去了，美女誰來照顧，讓她們獨守空房沒事兒做自己卷珠簾玩，難道你就不心疼，不難受麼？善於用兵的人也不會再三地從國內拉糧食去。武器從國內運送，糧草從敵國搞定，這樣一來部隊的供給問題就解決了。

國家貧困是因爲用兵作戰要搞遠途運輸而造成的，百姓的牛和馬都被征去搞運輸了，百姓自然貧困了，而這些牛和馬也很不願意離開家鄉千里迢迢，咬舌自盡的很多。在靠近軍隊駐紮的地方，市場供應不及，根據馬克思的供求經濟理論，那個地方的物價就會飛漲，物價一漲錢就不值錢了，除了那些欠了一屁股債的人開心之外，苦的還是廣大良民。這樣一來人財兩空，國內民眾就無法安居樂業享受天倫之樂了，困則思變，他們餓著肚子曬太陽聊天的時候，很可能會開始策劃起義的事情。這樣一來，百姓的費用用去了十分之七；國家的錢，爲了修理車輛、找獸醫給牛馬看病、給士兵做衣服造武器、還要製造攻城的工具，又用去了十分之六了，如果中間再出一兩個膽子比較正的貪污犯，就徹底死翹翹了。

因此，聰明機靈的將帥一定要從敵國取得糧草，用騙的、偷的、搶的都可以。吃敵人的一種糧食，相當於吃本國的二十種，當然了不是說敵人的糧食更能吃飽人，而是從這點糧食的價值方面來考量是這樣；吃敵國的一石飼料，相當於本國的二十石，正所謂「一二得二」說的就是這個道理。

要想能速度快就需要全體官兵能奮勇殺敵，見了敵人跟見了殺父仇人一樣，這樣就需要激怒官兵，可以用造謠的方法說「敵人那邊說我們的人長得又難看，性能力都很差，還個個都是肉腳」這樣，官兵們就會憤怒然後同仇敵愾了；官兵們奪取了敵人的財物我們就要獎勵他們，以激發他們接著去打劫的興趣和信心。在車戰中，凡是繳獲了敵人戰車十輛以上的，就應該獎勵最先搶到戰車的人，而且要在戰車上插上自己的旗幟，混在自己的戰車裡面一起用，讓這些戰車搞不清楚狀況，以免它們自己跑回家。對於抓來的俘虜我們不應該像美軍士兵那樣虐待他們，當俘虜也不容易啊，又要做艱苦的思想鬥爭到底要不要自殺，又要被家鄉的人罵沒骨氣，所以我們應該拿出全部的愛心來關懷他們愛護他們，然後派他們上戰場。這樣就是通常所說的，戰勝敵人而使自己更加強大。

因此，用兵作戰最重要的就是速度。根據第一篇的內容好好算算，沒有勝的把握就不要派兵出去，萬一不小心派出去了，看沒有打贏的希望就最好把部隊拉回來。最忌諱的就是讓部隊在千里之外夏令營。

懂得怎樣用兵的將軍們，你們一定要知道，你們是民眾命運的掌握者，是國家安危的決定者，能不能行就全看你們的了，拜託了！

爆笑版實例一

高陽酒徒酈食其

漢高祖劉邦年輕的時候，爲人大度慷慨，雖然自己沒什麼錢但非常喜歡施捨，即便自己只有一壺酒也會分給別人半壺。同時他又厭惡生產勞動，爲泗水亭長的時候是個有名的無賴：收保護費，調戲良家婦女，酒後駕馬車橫衝直撞等都不在話下。因爲本身長得比較奇異，在一次吃白食的過程中被深受封建迷信毒害的呂公看中，將自己如花似玉的閨女嫁給了他。又在一次酒後斬殺了從酒店裡面偷跑出來的白蛇。自此聲名大振，趁著農民起義如火如荼的東風，他揭竿而起，起兵反秦。

酈食其，陳留高陽人，年輕的時候是個熱血青年，讀了不少的書，思考了不少國家大事和人生道理，樹立了正確的積極向上的人生觀、世界觀。然因其嗜酒，而且在酒後喜歡講真話，縣上的領導們都不敢將他留在身邊任用，只給他一個看門的活幹，縣領導們的馬車進進出出的時候，他還得立正敬禮，我們可以稱之爲「保安酈食其」。酈食其堅定地等待著時機，等待著能夠看重自己的伯樂。光陰似箭，歲月如梭，酈食其終於由「保安酈食其」變成了「看門的大爺酈食其」了。這個過程中酈食其經歷了很多時期，其中就包括陳勝、吳廣起義和項羽的反秦。當陳勝、吳廣的部隊唱著「該出手時就出手哇，風風火火闖九州呀……」經過高陽的時候，酈食其說他們撐不了多久；當項羽的部隊唱著「愛的是非對錯已太多，來到眉飛色舞的場合……」經過的時候，酈食其說他們鼠目寸光。唯獨對於劉邦，他充滿了讚揚之詞，並投去讚賞的目光，他說：「慢而易人，有大略，此真吾所願從遊！」

西元前二〇八年，劉邦帶領著部隊西進，打了敗仗，攻城也攻不下來，於是就在營房裡面待著煩惱。

劉邦道：「我連白蛇都能給砍了，爲什麼連這個小小的城池都攻打不下來呢？」

女子甲溫柔地說：「奴婢不知。」

劉邦道：「我媽生我之前，夢到有龍在她頭頂盤旋，還對她說了好幾句她聽不懂的話，估計是外語，按說我應該是上天定的皇上才對啊，怎麼現在這麼困難？」

女子乙道：「您就別問了，要是我們能懂那麼多，還用得著在這裡給你洗腳麼？好了，洗乾淨了，趾甲用不用修？要修的話我就去拿斧頭和銼刀。」

劉邦往後一躺道：「做人真的好累，修一下吧！」

這時從外面跑進來一個人說：「報告，外面有一個名叫酈食其的老才子求見。」

劉邦道：「才子？那就是儒生了？不見不見，你就說我忙著研究打仗，沒時間見什麼儒生。」

那人便退了出去。劉邦對左右說：「我生平最看不起的就是知識份子，文也不行武也不行，還覺得自己了不起。戴個儒生的帽子就當自己是博士後，我年輕的時候最喜歡用他們的帽子來當夜壺了，哈哈哈。砍腳趾甲的時候瞄準一點哦。」

女子乙道：「遵命！不過我還是覺得有點學問的男人比較懂得尊重女性呢。」

剛剛退出去的那個人又跑了回來，不過這次不同的是，他的兩個眼睛都快腫得看不見了，衣服也被撕得一縷一縷的，胸口還有好幾道被指甲狠狠地劃過的痕跡。

那人哭著說：「酈食其說他不是知識份子，他是個粗人，是個酒徒，他還用打我和抓我來證明這些。」

劉邦立刻站起來跑出去迎接。出門便見一個滿臉通紅、滿口酒氣的老人，他旁邊的馬的身上已經被交警貼了不少罰單，老人在那邊兀自罵罵咧咧揮動著拳頭。

劉邦恭敬地說：「您就是酈食其吧？」

那老人道：「請稱呼我高陽酒徒酈食其，謝謝！」

劉邦道：「高陽酒徒……我喜歡，請隨我進去喝幾杯吧！」

劉邦拉著酈食其的手一同步入營房之內。喜不自禁地擺上了酒菜，和酈食其聊天喝酒起來。聊天過程中發現酈食其談吐不俗，很有文化，而且還夾著粗話連篇，真的就是一個雅俗共賞的人才。

劉邦對身邊的女子道：「還拿著把斧頭做什麼？趕緊給酈老人家捶捶背捏捏腿什麼的啊！」

那女子道：「您的趾甲不用修了麼？」

酈食其道：「哦，正準備修趾甲啊，順道幫我一塊兒修修吧，剛剛一不小心好像就抓到了人。」

劉邦道：「好好好，我們躺下來，一起修。」

劉邦和酈食其躺了下來，那女子舉起斧頭開始幹活。

「你的兵馬不過一萬人左右，而且現在你的所在地還是秦軍的腹地，這就相當於到了孫子所說的『重地』，這是很危險的。最要命的就是你的後勤工作還沒有做好，要糧沒糧，要草沒草的，很過分啊你！」酈食其望著天花板說了這樣一番話。

劉邦噙著淚道：「別看我整天樂呵呵的，其實我正在爲這些事情煩惱呢，前後都有秦軍，糧草也撐不了幾天了。我感覺我就像茫茫大海上的一葉孤舟，任自漂蕩，指不定哪天就會翻船了，還請先生您指教啊……」

酈食其緩緩地說：「書上說『因糧於敵，故軍食可足也。』這句話的意思就是應該從敵人那裡取得糧草，這樣我軍的補給就可以解決了。」

劉邦道：「書上還有這樣的話？我以爲書裡面只有『窈窕淑女，君子好逑』這樣沒用的東西呢，看來往後對於知識份子不能再如往常那樣對待了。不過問題是，哪個地方有敵人的糧草呢？怎麼從敵軍那裡取得糧草呢？他們會借糧草給我麼？」

酈食其這才告訴劉邦，其實陳留縣城就是秦軍的一個糧草倉庫，那裡面的糧草堆積如山，連縣城裡面的老鼠都比別的地方大好幾倍，足夠劉邦的一萬人馬吃個兩三年的，而且還得是不限量限時的鬆褲腰帶的那種吃法。他建議劉邦先躲去陳留，解決了糧草問題之後再做打算。劉邦忙問奪取陳留之法，酈食其對劉邦如此這般地解釋了一番。

出得營房。劉邦親自幫酈食其撕掉了他的馬身上的罰單，並揮手送酈食其遠去。原來酈食其與陳留縣的縣長是老朋友了，他這是去勸陳留縣長歸順劉邦，如果軟的不行，他就在城內做接應，幫助劉邦攻下陳留縣城。卻說那陳留縣令一看是老朋友酈食其來了，好酒好菜擺了一桌子，酈食其見著酒就把別的事情都擺在了一邊，一頓好吃好喝之後，開始給陳留縣令分析天下大勢，說秦的滅亡只是遲早的事情，劉邦是天下英雄，重情重義酒量又好，歸順他是最爲明智的選擇。不想那縣長卻拍案而起，慷慨陳詞，揮斥方遒，說他活著是陳留的縣長，死了是陳留的死縣長，他已經決定要與陳留共存亡。

酈食其道：「好！其實我剛剛只是試探一下你，我就欣賞你這樣的漢子，這樣的有責任，能擔當的真男人，來我敬你！」

陳留縣長道：「原來這樣，我喜歡你，來喝！我們商量一下守城大計才是真的！」

酈食其道：「守城大計早已在我心中，喝了這杯我告訴你，這次我們換大杯。」

一來二去，陳留縣長就被酈食其灌得翻翻的了。夢醒時分，陳留縣令依舊在做夢，酈食其出門放了信號彈之後，就悄悄地去打開了城門。劉邦的人馬魚貫而入。一舉奪取了陳留縣城，順便砍殺了那位還在酣睡之中的縣長。劉邦親自去打開糧倉的門，裡面的大米一下就湧了出來，將他埋在了裡頭。劉邦站在如高山如大海樣的糧食中間，開心地唱起了大風歌。有了陳留做根據地，有了陳留的糧食，劉邦再也不用爲籌集軍糧而擔心了。從此之後，隊伍一天天地壯大起來。酈食其自此被劉邦重用，成爲劉邦手下著名的謀士，並在後來被封爲廣野君，這個時候我們可以稱呼他爲「廣野君酈食其」。

韓冬 Say

在戰爭的過程中，後勤補給是一項非常重要的工作，可以說是部隊作戰的基礎。而解決後勤補給就只靠牛車拉馬車送是不能解決所有問題的，如果趕上瘋牛病、口蹄疫蔓延的時候，牛車馬車都是會被扣押的對象。孫子說得好：「因糧於敵，故軍食可足也。」有人的地方就有糧，不管敵人的糧，還是我們的糧，只要能吃的就是好糧。在這一案例中，高陽酒徒酈食其依照孫子的思想，運用自己的手段爲劉邦解決了缺糧之困，向世人證明了酒徒也可以很有深度、很有文化。

爆笑版實例二

呼嘯而來的一隻拖鞋

當希特勒準備侵吞奧地利和捷克斯洛伐克的時候，這兩個弱小的國家都向英法投去了讓人心疼的求助的目光，然而英法兩國卻顧左右而言他，一會兒談天氣一會兒談人生，還用深沈的目光看著遠方假裝陷入沈思，而沒看見他們的求助。如此一來，奧地利和捷克斯洛伐克只好委屈地被希特勒佔有。英法他們鬆了一口氣，一方面不用再因爲不去搭救柔弱的小國而不好意思；另一方面希特勒的胃口又被塞了些東西，他們天真地認爲，如此一來希特勒對於本國的威脅就會減少一些。他們卻不知道，希特勒的胃口並非普通的人所能比的。

波蘭是一個美麗的國家，這裡聚集著大批的聰明的猶太人，不僅如此，它的戰略地位也十分重要，它位於歐洲東部，東接蘇聯，西臨德國，南邊是捷克斯洛伐克，北瀕波羅的海，它還是英法在歐洲諸盟國當中軍事最強大的國家，最要緊的就是它的名字比起奧地利、捷克斯洛伐克來不但簡單而且好聽。美女一方面會有很多人追；另一方面容易招來色狼。波蘭就招來了希特勒的注意，老希非常明白如果佔領了波蘭，不僅可以從波蘭取得大量的軍事經濟資源，同時還可以極大地改善自己的戰略地位，再同時還可以建立襲擊蘇聯的基地，如此一石若干鳥的事情，怎可不拿出彈弓？

德國先是向波蘭接二連三地提出了領土方面的要求，讓波蘭割讓但澤，並將在「波蘭走廊」建築公路和鐵路的權利交給德國，不但要讓出地方，還要在自己家裡面建走廊，這樣的要求讓波蘭感覺非常屈辱，於是他們嚴辭拒絕了德國的要求。波蘭以爲自己軍力強大，而且還和英法是聯盟，德國不敢輕易對自己下毒手，他們想錯了，波蘭成爲希特勒實驗「閃電戰」的犧牲品。

經過一段時間嚴密的準備之後，希特勒準備對波蘭下手了，並給突襲波蘭的行動起了一個神聖而又潔淨的名字——「白色方案」。一九三九年八月三十一日夜晚，在黑夜的掩護下，一隊換了波蘭軍裝的德國士兵襲擊並佔領了緊靠波蘭邊境的德國格利維策市。整個行動是這樣子的：這一隊德國士兵，先上了廁所洗了澡，然後進入更衣室換了波蘭軍隊的軍裝。然後卡車把他們拉到了波蘭邊境，他們舉著槍衝進格利維策市，因爲軍裝不好弄，他們中很多人的衣服都不合身，一不小心就會踩到自己的褲腿，上衣看上去就像一條連衣超短裙。市裡面搞守衛的德軍士兵也都被交代過了，雙方相遇只是朝天開槍。鳴了一陣槍之後，守衛格利維策市的士兵就撤退回去吃宵夜了。這些穿著波蘭軍裝的德國士兵將事先準備好的炸藥拿出來炸掉了附近一座本來就需要摧毀的危橋，接著就衝進了電臺。拿著麥克風開始念一篇用波蘭語寫成的稿子，這篇稿子既沒有文學性也不具藝術性，完全就是一篇波蘭語罵人寶典，通篇都是罵人的話，而且是什麼難聽撿什麼罵的那種，被罵的物件是希特勒和德國。雖然這是希特勒事先安排好的，但是當他聽到這篇稿子裡面罵他的那些話的時候還是要氣得吐血。接著這些士兵從隨身攜帶的塑膠袋裡面掏出幾具身著波蘭軍裝的屍體扔到街上，而實際上這些屍體都是德國死囚的屍體。前期工作搞好之後，希特勒就開始利用電臺大肆宣傳炒作，說德國遭到了波蘭的突然襲擊，有屍體和電臺廣播錄音為證，接著便下令攻佔波蘭。波蘭老大聽說了這件事情之後，驚訝地說：「有這樣的事麼？開玩笑的吧！」

一九三九年九月一日的早晨，天還沒有亮透，一百五十萬納粹軍隊在大霧的遮掩之下，聚集到了波蘭邊境。四點四十五分，進攻開始了，一百五十萬大軍夥同著火炮坦克一同席捲過來，爆炸聲、轟鳴聲、叫喊聲、媽呀聲交織在一起響徹大地。要說到快，人腿和坦克都快不過飛機，納粹軍隊在首次作戰中就投入了兩千多架飛機，首先對波蘭的二十一個機場進行了空襲，波蘭的飛行員還沒有爬上飛機，飛機就被炸毀了，就這樣，波蘭的五百多架用來作戰的一線飛機幾乎全部報廢，有幾個正好在飛機上享受空調的飛行員倒是把飛機起飛了，不過起飛之後，都是立刻閃去了別的地方以求自保了。接著德軍用大量的轟炸機突襲了波蘭的戰略中心、交通樞紐、指揮機構和公廁等，對波蘭造成了近似毀滅性的打擊。因爲波蘭事先一點準備都沒有，既沒有防空措施，也沒有防空洞可以鑽，德軍的飛機如入無人之境，德軍的飛行員開著飛機在空中炸一會兒玩一會兒，就像出來郊遊一般，炸彈扔完了就跑回去裝彈接著再來，他們還可以抽空泡碗麵填飽肚子，目標就在那裡，而波蘭一點辦法都沒有，泡碗麵只是推遲一下轟炸的時間，德軍玩得從容不迫。在空軍的掩護之下，波蘭軍隊的防線被迅速地突破，德軍的三千八百多輛坦克，在別的兵種的配合之下，慘絕人寰，慘無人道地以每天五十至六十英里的速度向波蘭境內推進。

九月三日，英法被逼無奈之下終於向德國宣戰了。波蘭人以爲這下好了，有人幫忙了，不會被打得那麼淒慘了。結果他們發現，原來英法就只是宣戰而已，宣完就算完了。法國當時擁有世界上最強大的陸軍，但所有的部隊只是蹲在鋼筋混水泥的防禦工事後面，邊吃爆米花邊觀看德軍蹂躪波蘭。英國被人說得不好意思了，就派了四個師去西歐大陸支援波蘭，派出去的部隊也都沒有端正的態度和良好的作風，都把這次行動當成一次公費旅行的好機會，好多人帶著旅行包，裡面裝著火腿、速食麵等居家旅行必備食品。

因爲德軍充分的準備，閃電戰術成功的應用，波蘭在僥倖心理之下的毫無準備，再加上英法放了波蘭的鴿子，一個星期之後，德軍就打到了波蘭首都華沙。九月十七日，華沙被德軍包圍了。德軍向裡面喊道：「裡面的人聽著，你們已經被團團包圍了，趕快放下武器出來投降，趕緊的，晚了就來不及了……哎喲。」是什麼東西砸到了他？哦，原來是一隻拖鞋。雖然政府已經跑了，但是華沙軍民他們拒絕投降，無論男女老少都走上了戰場，同衝進華沙市內的德軍進行了英勇頑強的戰鬥，一把鏟子、一個夜壺、一支彈弓都可以是他們的武器，德軍受到了沈重的打擊，傷亡很大。德軍沒有料到還有這樣的情況，又派出了飛機和大炮對華沙進行了狂轟亂炸。九月二十七日，華沙被德軍佔領。德國法西斯終於得逞了。

韓冬Say

打仗講究的就是一個字「神速」。因爲打仗是一項消耗很大的事情，拖得愈久花的錢愈多。一個兵、一輛車、一頭牛都在花錢，即便是停著不用，所以以最快的速度解決戰鬥，就是我們的最高追求。希特勒是個大壞蛋，地球人都知道，但他打起仗來還是有一套的，集中強勢兵力，調動全國各部門，以不到一個月的時間搞定波蘭，這樣的事跡還是值得我們研究和學習的。

爆笑版實例三

離離原上草　放火燒光光——

張騫，字子文，西漢成固人，他身體強壯，性格開朗，喜歡遠足，富有冒險精神，同時他還是中國歷史上第一位具有國際影響力的對外友好使者。自從他開闢了絲綢之路之後，這條路就成為中外貿易、出國旅遊、外國人進貢送禮的必由之路。有金銀珠寶、綾羅綢緞的地方，就會有強盜，絲綢之路這樣的滿路都是文物禮品的地方就更不用說了。西邊的少數民族經常仗著自己特別能吃苦，特別能打劫的品質騎著大馬，舉著大刀來搶劫絲綢之路上的商人和駱駝。西元前六三四年的時候，吐谷渾可汗伏允又率兵入侵了河西走廊，他這次沒有打劫，而是直接在絲綢之路上設了收費站，而且收費很高，凡是從此經過的人必須留下全部的財物，一有機會他還會抽空劫個色，如此一來絲綢之路被截斷了。外國人送禮送不進來，我們的絲綢運不出去，既影響了對外貿易也影響到了國家的外交，最過分的就是他們竟然扣押了唐朝派去的使者，讓使者去給他們放羊。世民很生氣，後果很嚴重。這天他就召集了大臣來研究對付吐谷渾的方法。

這次會議同往常一樣是在大殿上召開的，與會者除了李世民坐著之外，其餘的都是彎腰站著的。先由一個研究歷史地理的大臣彙報了吐谷渾的大概情況，大臣道：「吐谷渾，其實是一個人名，是一個很會騎馬的男人的名字。」

李世民道：「少數民族人的名字就是怪，這麼難聽的名字也起得出來。你繼續。」

大臣整理了一下思緒道：「他們本來是古代鮮卑族的一個部落，看到這本書的人會覺得我們也是古代，我說的古代是比我們更加古的古代，那是在西元四世紀初，吐谷渾是一個部落的首領，他帶著他們部落的人從遼東搬家到了內蒙古的西部，接著又搬家到了甘肅西南、青海東南部，邊搬家邊打仗，勢力逐漸強大起來。東晉初的時候，建立了自己的政權。經過幾代相傳，他們的勢力逐漸強大起來，後來在青海又建立了政權，統治青海達三百多年之久。後來在西元六〇八和西元六〇九年遭到隋煬帝的兩次沈重打擊之後走向衰落……」

李世民道：「Stop一下，你幹嘛把兩手一直舉在面前？要流鼻血了麼？」

大臣慌忙道：「我，我這是爲了表現我對皇上您的恭敬啊，兩手抱在眼前，而且還低著頭，這個樣子難道不是很溫順很恭敬的表現麼？」

李世民道：「把你的雙手拿上來給我看看！」

大臣：「啊，皇上，我在家天天做家事，雙手實在不夠嫩滑柔軟了，不要看了吧！」

李世民道：「少廢話，你不自己拿上來我就讓人去砍了！手舉起來，不許在衣服上蹭。」

那大臣只得舉著雙手，戰戰兢兢地走上前去，將他的雙手展示在李世民面前。

李世民看了一遍他的手之後，笑道：「我就說你怎麼能清楚無誤地說出那麼長的臺詞，連年代都記得那麼清楚，竟然把答案都寫在手上……」

那大臣慌忙跪在李世民面前道：「皇上恕罪啊，這枯燥乏味的歷史和數字實在是不太好記，老臣也是不得已而爲之的啊，而且用毛筆在手上寫字作弊也是一件非常辛苦的事情，寫得小了糊成一團看不清楚，寫得大了一隻手又寫不了幾個字，希望皇上看在老臣這麼辛苦的分兒上，饒了老臣吧！」

李世民道：「這麼說來你，還辛苦了啊？」

那大臣道：「我覺得有兩個非常重要的課題需要皇上您撥款來進行研究，一是發明一種比毛筆好用的書寫工具，這是我今天一早在手上寫字準備作弊時候的體會；二是找人改編一下歷史，用一種輕鬆地看了能讓人開心的，但是又能掌握歷史的手法來書寫歷史。這兩個課題如果搞定的話，必將千秋萬世，流芳千古。」

李世民道：「嗯，很好！不過我們今天是在研究吐谷渾的問題，你把話題繞到那麼遠去也不太合適吧。好了，從明天開始你不用來上班了，專心地搞這兩個課題吧，這是半兩銀子，我私人贊助你的，回去吧！還有沒有人就吐谷渾的問題發表意見的？」

又上來一個大臣道：「不是我們不行，是吐谷渾部隊太賴皮。他們總是不好好打仗，我們的部隊去了，他們就跑了，我們的部隊回來了，他們就又開始收費了，這樣來來回回的實在不好弄啊！我覺得要滅他們就要徹底地滅，斬草除根地滅，正所謂『野火燒不盡，春風吹又生』說的就是這個道理。」

李世民道：「你這個愛張冠李戴的念詩的毛病怎麼總是改不掉？那你倒是說怎麼才能徹底地滅了他們呢？」

那大臣道：「這世界就怕認真二字，只要我們認真對待，用狠心對待，總能滅了他們的。那邊自然環境艱苦，地勢又千變萬化，吐谷渾他們又是本地人，一般的將領派去肯定不行的，到底派誰去呢？有道是『東邊日出西邊雨，道是無晴卻有晴』，終於給我想到一個人，他就是百戰百勝，立下赫赫戰功的老將軍李靖。」

李世民道：「啊，老李將軍啊，不好吧！他在外面打了一輩子的仗，現在老了，好不容易在家享享清福，我實在是不忍心再讓他上戰場勞累了。小冬子，你去李將軍家告訴他，吐谷渾的問題再難解決，我也不忍心讓他再上戰場了，讓他好好在家享清福吧，現在就去。」

小冬子：「是，皇上！」

太監小冬子遵照李世民的命令，立刻跑去了李靖家轉達李世民的問候。見小冬子出去了，李世民對大家說：「好了，讓我們來談點輕鬆的話題吧！」

一大臣道：「皇上，吐谷渾的問題還沒討論完呢，既然皇上不忍心派老將軍上場，總得找個人上場才對啊！」

李世民微笑著道：「今天天氣真不錯啊，那個誰，唱首歌給大家聽聽，你不是很愛唱歌麼？」

愛唱歌的大臣走上前來拜了一拜便唱了起來：「那個早晨，古老的城門，迎來一群波希米亞人……」

李世民道：「波什麼希米亞人？吐谷渾人已經很難弄了。看你是多了女Ｆ４的胸，就知道波啊波的。」

正在這時李靖渾身披掛走了進來，後面跟的是一路小跑的小冬子。

李世民站起來迎下去道：「啊，李將軍你怎麼來了？怎麼穿成這樣，這是要去拍照麼？」

李靖道：「雖然我年紀不輕了，骨質疏鬆而且還老寒腿，但是我的報國之心從未衰減。給我步騎三萬，我一定去辦了慕容伏允。」

李世民道：「這怎麼行呢？將軍打了一輩子的仗了，難得在家享幾天清福，可是將軍的要求又這麼強烈，朕也實在是不忍心不讓你去啊，那就這麼定了。大家注意，現在聽封了。李靖為西海道行軍大總管，節度諸軍。」

李靖率領著大軍於西元六三五年四月到達鄯州。根據吐谷渾人「人一來就跑，人一走就上」的歪毛病，李靖制定了「長途奔襲，速戰速決」的戰略決策，並決定以吐谷渾可汗伏允為目標發動戰爭。五路大軍做了如下佈勢：兵部尚書侯君集出積石鎮；岷州都督李道彥出赤水；刑部尚書李道宗出鄯善；利州刺史高甑生出鹽澤；涼州都督李大亮出且末。吐谷渾可汗伏允聽說之後，明白了這次唐朝是來跟他玩真的了，立刻展示出他們多年來練就的逃跑經驗往西遁去，李靖立刻帶兵追擊，伏允再能跑，也終究跑不出李靖的手掌心，十天之後李靖在庫山追上了伏允。伏允憑藉著險峻的地形死守陣地，李靖派了千餘騎精兵繞過庫山，對伏允形成夾攻之勢。伏允先是沒料到唐軍能夠追上自己，說：「哇，叫李靖的難道都會飛麼？」接著沒料到自己會被前後夾擊，說：「啊，難道不但會飛還會地遁？」兩個沒有料到讓他亂了陣腳，慌亂之中，丟棄了大量的戰備物資，落荒而逃。爲了防止李靖的追擊，他邊跑邊放火，將離離原上草燒了個乾乾淨淨。

「兄弟們，不行了，我要餓暈了。再見！」

「你也瘦多了，現在看上去眼睛更大了。」

「你又瘦了，毛都豎起來了。」

以上的這幾句對話來自唐軍的戰馬，因爲伏允將草都燒光了，戰馬沒有野草可吃，個個面黃肌瘦，走路搖搖晃晃，時常有馬餓暈過去將馬背上的人扔在地上的事情發生。眾將領見此情況，紛紛建議李靖說不如暫時將部隊退回鄯州，等被燒光的草再長起來之後，再追剿伏允。李靖的回答是：「等草再長起來？怎麼不等伏允老死過去？那樣我們追都不用追了。現在他們銳氣已失，乘勝追擊才是最好的選擇，等他們元氣恢復之後，就更加不好對付了。」還好有尚書侯君集的支持，李靖兵分兩路，對伏允進行了不捨的窮追，伏允走投無路逃進了沙漠。李靖身先士卒，追進了沙漠。

「這日子沒法過了，沒吃的倒也就罷了，現在還要喝我們的血。」

「我不行了，身上已經有三個洞了。他們還要不時地拔掉洞上的塞子喝我的血，生不如死啊！」

上面這兩句對話同樣來自唐軍戰馬。沙漠裡面酷熱難當，大家渴得冒煙，只好用馬血來解渴。經過不懈地努力和犧牲，在突倫川附近，伏允又被追上了，剛剛在帳篷裡面準備鋪床睡覺的伏允嚇了一跳道：「不是吧，神仙也沒有這麼快的！」接著上馬率領著部分親信衝了出去逃往沙漠深處，他的兒子率眾投了降。逃入沙漠深處的伏允要吃的沒吃的，要喝的沒喝的，覺得人生已經了無意義，於是自殺身亡。吐谷渾伏允之亂自此平定，絲綢之路再次暢通開來，李靖亦被改封爲衛國公。

韓冬Say

「堅持到底就是勝利」老將李靖非常明白這一點。如果只是因爲伏允擅長逃跑，馬沒有草吃，人沒有水喝，大部分人建議退兵來年再戰的話，此次用兵的耗費都將白費，敵人也會休養生息恢復元氣。要知道，我方在被煎熬的同時，敵軍的日子也不好過，這個時候比的就是耐力，拚的就是堅持。

謀攻篇

打仗的目的是奪取敵人的國家和人民，並不一定非要打個你死我活的，等真的奪過來的時候，才發現人民都殘廢了，你還得養著；宮殿都變廢墟了，你還得重修；女人們都被毀容了，你還得大哭一場；更要命的就是在互砍的過程中你的士兵也死傷無數。世界上還有比這個更划不來的事情麼？所以我們要用溫柔一點，婉轉一些的手法來打仗，最理想的狀況就是不用打而讓敵人屈服。

就像很會殺牛的庖丁不一定會殺雞，很能跑的千里馬不一定會耕田，很有威力的原子彈不一定能炸死蚊子一樣，你當了國家的老大並不一定就很會打仗。你如果熟讀了《孫子兵法》倒也罷了，怕就怕你本來什麼都不懂，卻還要指手畫腳，讓你派出去的將軍左右為難，這樣必將貽誤戰機，鑄就慘敗。

名人名言：知己知彼，百戰百勝；不知己也不知彼，百戰百敗，耶！

原文

孫子曰：凡用兵之法，全國為上，破國次之；全軍為上，破軍次之；全旅為上，破旅次之；全卒為上，破卒次之；全伍為上，破伍次之。是故百戰百勝，非善之善者也；不戰而屈人之兵，善之善者也。

故上兵伐謀，其次伐交，其次伐兵，其下攻城。攻城之法，為不得已。修櫓轒轀，具器械，三月而後成，距堙，又三月而後已。將不勝其忿而蟻附之，殺士卒三分之一，而城不拔者，此攻之災也。

故善用兵者，屈人之兵而非戰也，拔人之城而非攻也，毀人之國而非久也，必以全爭於天下，故兵不頓而利可全，此謀攻之法也。

故用兵之法，十則圍之，五則攻之，倍則分之，敵則能戰之，少則能逃之，不若則能避之。故小敵之堅，大敵之擒也。

夫將者，國之輔也。輔周，則國必強；輔隙，則國必弱。

故君之所以患於軍者三：不知軍之不可以進而謂之進，不知軍之不可以退而謂之退，是謂縻軍。不知三軍之事而同三軍之政者，則軍士惑矣；不知三軍之權而同三軍之任，則軍士疑矣。三軍既惑且疑，則諸侯之難至矣。是謂亂軍引勝。

故知勝有五：知可以戰與不可以戰者勝；識眾寡之用者勝；上下同欲者勝；以虞待不虞

者勝；將能而君不御者勝。此五者，知勝之道也。

故曰：知己知彼者，百戰不殆；不知彼而知己，一勝一負；不知彼，不知己，每戰必殆。

另類譯文

孫子教導我們說：凡是用兵打仗的，讓敵國全部投降的爲上策，和敵人硬拚的就差一檔次；讓敵人全軍投降的爲上策，圍殲這個軍的就差一檔次；讓敵人全旅投降的爲上策，做掉這個旅的所有人就差一檔次；讓敵人全卒投降的爲上策，把他們打到殘廢的就差一檔次；讓敵人全伍投降的爲上策，逼他們跳樓的就差一檔次。這裡面的「軍、旅、卒、伍」都是遙遠的春秋時期的軍隊編制單位：一個軍有一萬二千五百人；一個旅有五百人；一個卒有一百人；一個伍有五人。這是基礎知識大家一定要記清楚。所以說，百戰百勝並不是最厲害的；不動刀槍而讓敵人投降，才是最令人敬仰的。想讓別人敬仰你嗎？想流芳百世讓人們世世代代記著你嗎？想出門的時候聽到女生的尖叫嗎？快來不戰而屈人之兵吧！

優秀的軍事家用政治手段戰勝敵人，比如恐嚇、在聯合國大會上批鬥、斷絕援助等方式；再差一點的用外交手段孤立敵人，搞臭他和周圍國家的人，比如造謠、挑撥離間、往周圍國家丟垃圾賴給他們等方式；再差一點的就是派軍隊去和敵人硬拚，最讓人見不得的就是扛著梯子，喊著口號去強攻敵人的固若金湯的城池了。

不到萬不得已，我們都不會用攻城這一招兒的。攻城這一招兒不但聽上去很粗俗，而且還大大地划不來。官兵們都是普通人，而這也不是武俠小說，高高大大的城牆靠飛或者跳是上不去的，這就需要修造飛樓和攻城用的巢車，還要準備雲梯，而這些東西製造工藝複雜且很耗費木材，即便有魯班親自來督導建造也要好幾個月才能完成，而且魯班的出場費也不便宜。還有一種方式就是在城牆邊上堆土山，堆到高過城牆爲止，這樣一車車地拉土也要好幾個月才能完成。然後將領們當了好幾個月的民工氣憤不過，指揮著士兵像螞蟻一樣順著梯子或者土山往城牆上爬，士兵們爬呀爬，城牆上的石頭啊箭啊拖鞋啊便便啊就往下飛呀飛，士兵們就啊呀啊……城沒攻下來，士兵之中的三分之一就這樣白白地掛了，這就是強攻堅固的城池的災難了。所以說，善於用兵打仗的人，要讓敵軍屈服，不靠硬拚；奪取敵人的城寨，不靠明搶；滅了敵人的國家，不靠包圍和打持久戰。打仗也是要用腦子的，用謀略用思想奪取天下。我軍不受傷，然後還能得到最後的勝利，這就是用腦子打敗敵人的原則。

在用兵打仗的過程中，如果我方的人馬是敵人的十倍，就包圍他，邊讓他們挨餓邊嚇唬他們，還可以在他們面前吃雞腿香他們，最終讓他們神經崩潰而投降；如果是五倍的話就進攻他們，五個打一個，就不信幹不過他；如果是一倍的話就引誘他們，讓他們的部隊分散，然後接著五個打一個；如果兩人力量差不多的話，就想辦法打敗他，如果力量比敵人弱的話，就想辦法擺脫他們，暫時藏起來，金蟬脫殼，走爲上在這裡都很有用處。如果你不顧自己力量弱小，還硬是要衝上去拚命的話，最好的後果就是給人俘虜了，最差的後果就是被人做掉了，中間的這種就是你做人很有原則地自盡了。

在這兵荒馬亂的年代裡，將帥對於國家來說是最重要的，將帥如果很能幹，輔佐老大很出色，國家就會強盛，將帥如果沒什麼能力，人格又有缺陷的話，國家就會衰弱下去了。不過尊重是相互的，作爲國家的老大，你也應該尊重將帥的意見，以下三種情況你可能會給部隊帶來災難：不了解這個時候不能進攻卻偏偏讓部隊去進攻，讓全部的將士被人插成了刺蝟；不了解這個時候不能撤退，卻偏偏讓部隊撤退，剛剛打到興起占了上風，這下卻要被敵人追著打；不了解自己部隊的實際情況，卻爲了讓自己的親戚下基層鍛煉而整編軍隊，這樣一來勢必讓大家內心深處看不起你，軍心混亂。不懂用兵作戰不是你的錯，但你非要干涉三軍的指揮就是你的不對了。這樣一來會讓大家不知所措的，思想混亂還又不知所措，這樣還怎麼打仗，別人如果再趁火打劫的話，就完蛋了。這就叫做自己擾亂自己導致敵人取勝，這樣是最沒面子的。

預知我們能勝利有五種情況：知道可以打、還是不可以打就能勝利，能打而不打不能打而去打只能注定失敗；知道兵多的時候怎麼打、兵少的時候怎麼打，就能勝利，兵多的時候搞單挑、兵少的時候打包圍，只能注定失敗；上下團結一心就能勝利，互相之間都看著不順眼，打衝鋒的時候伸腿去絆倒自己人的馬，這樣混亂的話注定失敗；用有準備的自己對付沒有準備的敵人就能勝利，自己還在哼著歌兒洗澡的時候，發現敵人已經打到澡堂子門口了，只能注定失敗；將帥很能幹而君主又全力挺他的就能勝利，一會兒一個聖旨一會兒一個命令的注定失敗。這五條就是預知勝利和失敗的方法和標準。

綜上所述：既能明白自己又能了解對方的，可以每次都到達勝利的彼岸。這句話就是孫子我的最有名的名言，是這麼說的：知己知彼，百戰不殆。不了解敵方而只了解自己的，偶爾可以取勝；又不了解自己還又不了解敵人，這麼過分的只能每次都敗了。

一人投降 全家光榮

韓信，淮陰人，爲我國歷史上著名而又偉大的軍事家、戰略家、統帥和軍事理論家。年輕時候的他，既不屑於種地，又不會做買賣，溫飽問題都沒辦法解決，經常去別人家吃白食，最過分的就是他經常鎖定一戶人家，直吃到那人討厭他、憎恨他爲止，比如他在一個亭長家吃白食的那次，幹活的時候不見他的身影，一到開飯時間他就飄然而至，這樣一搞就是好幾個月。

韓信只是身材魁梧一點，長得並不是很帥，而且還不會說好聽的話哄人，所以亭長的老婆就很不願意他在家裡面吃閒飯了。第二天開始，她就把公雞的叫聲調到了早上三四點鐘，公雞一叫她就立馬去伙房做飯，做好飯之後端到床上來，一家人在睡夢中在床上就把飯給吃了。到了吃飯的時候他們一家都是滾飽的，也不給韓信做飯，韓信餓了幾天之後，同亭長絕交而去。

韓信無奈去城外的河裡面釣魚，殊不知釣魚也是講學問的，並不是魚鉤扔進去魚就能釣上來洗洗烤烤就能吃了的，他在河邊釣了一天，只釣上來一隻破草鞋，他罵了一句：「現在的人怎麼一點公德心都沒有，連破鞋都往河裡頭扔，要扔也該扔豬頭、羊頭、饅頭什麼的嘛！」之後就餓暈過去了。正在河邊漂洗絲絮的一個老媽媽將他扶回了家，給他飯吃，他這一待又是十多天。

有天，韓信在街上閒逛，遇到了一個本地的屠夫，那屠夫擋著韓信的去路道：「你以爲你身材高大一點，手裡老拿著一把劍就是令狐沖啦，來啊，刺我啊！」國人喜歡看熱鬧，自古至今。一發現有熱鬧，去菜市場買菜的大媽、要送老婆去接生婆那邊生孩子的男人、內急無比要去上廁所的美女，都紛紛停下來圍在了韓信和那屠夫旁邊。

見人多了，那屠夫更加囂張了，叉開雙腿站在路中間說：「要麼刺我，要麼從我胯下鑽過去，你不是很強麼，來啊，刺我啊！」

韓信心道：「我到底該怎麼辦呢？是捅了他呢，還是從他胯下鑽過去呢？抑或是給他叉開的雙腿中間狠狠的一腳呢？如果從他胯下鑽過去的話，肯定會被人恥笑，而淮陰的女孩子們肯定都會覺得我沒有男子漢氣概而不和我談戀愛，如果捅了他或者廢了他的話，我就要去坐牢了，我宏偉的志向就實現不了了，鑽吧！」

主意下定，韓信就趴了下來，在眾人的吆喝聲中從那屠夫的胯下爬了過去。自此以後，淮陰的市井小民們又多了一項飯後話題，淮陰的男人們因爲有韓信的襯托，又覺得自己高大了很多。

此後韓信的人生可以用曲折離奇，峰回路轉來形容。他先是帶著寶劍去投奔了項梁的部隊，期間並無建樹。項梁掛了之後，他又做了項羽的小弟，很多次他給項羽獻良計，項羽都左耳朵進右耳朵冒，韓信覺得很受傷很受傷。後來他就跑去參了劉邦的軍，招兵的人看他身材比較魁梧，力氣比較大，就讓他去看管倉庫，雖然終於能吃飽飯了，但目前的景況還是讓韓信非常傷感。機緣巧合之下，蕭何發現了他，覺得他談吐不凡很有思想，立刻就喜歡上了他。蕭何跟劉邦舉薦了韓信好多次，劉邦都當蕭何是說著玩的。韓信又騎著馬閃了，蕭何未來得及跟劉邦彙報，就開了一匹馬去追韓信。追回之後，當面鑼對面鼓地讓劉邦重用韓信，劉邦封了好幾個官，蕭何都說不夠分量。劉邦至此雖然心中懷疑蕭何和韓信兩人有不正當的關係，但因爲蕭何是自己的左膀右臂，還是將韓信封爲了大將。

之後韓信的一番話爲劉邦制定了東征以奪天下的方略，劉邦聽後大喜，大有相見恨晚的感覺。此後的日子裡他對韓信言聽計從，打了不少勝仗。韓信僅用了四個月時間就滅了魏國等國家，又越過太行山區的井陘口進攻趙國。趙王和成安君陳餘帶著二十萬兵馬在井陘口進行阻截，準備包圍韓信的軍隊。

李左車跟陳餘說：「韓信率眾小弟打了不少勝仗，士氣很旺，銳不可擋，硬拚恐怕不行。不過我聽說千里行軍，糧草問題就很難解決，等吃飯的時候才種水稻，將士們就會挨餓。井陘口這個地方非常狹窄，稍微胖點的人得斜著身子才能通過，他們騎著馬拉著車走，糧草必然會落在後面，你給我三萬軍隊，我從小路去截了他們的糧草，你在這邊挖溝修牆頂著他們。到時候他們進攻進不動，退又退不出去，吃飯又沒得吃。不出十天，韓信就會被我們抓住。如果你不聽我的話，我們就死定了。」

陳餘說：「你是聽誰說千里行軍什麼什麼的？」

李左車道：「聽我國偉大的軍事家，《孫子兵法》的作者孫武說的。」

陳餘道：「孫武啊，很強勢嘛！我怎麼也聽孫武說十倍於敵人兵力的就要包圍它，一倍於敵人的就要與之交戰。韓信雖然號稱有數十萬部隊，不過那都是嚇唬人的，其實也就是數千人而已。而且他們走了這麼遠的路，相信也累了。我們這麼多兵力和他們拚命還怕砍不過他們麼？再說了，我們都是文化人，怎麼可以用那麼下流的手段獲勝呢？會被人笑話的。」

間諜回來彙報了情況之後，韓信大喜。大膽地帶著軍隊往前走，在井陘口外三十里的地方將部隊駐紮了下來。深更半夜的時候，他挑選了兩千個輕騎兵，讓他們一人扛著一面旗子去半山坡上藏起來窺視著趙軍營部。兵士對此悄悄議論開來。

兵士甲道：「兩千人監視，不管趙軍有什麼風吹草動都能盡收眼底，大將真厲害！」

兵士乙道：「他還知道半夜山坡上冷，讓我們拿著旗子去鋪在地上以免感冒，真是好人啊！」

兵士丙道：「所以說你們只是凡人，只能當士兵了。大將軍讓我們扛著旗子去是給你鋪在地上的麼?明明是給我們遮擋住自己以免被趙軍發現的。」

兵士甲道:「遮擋自己?舉個旗子擋在自己面前,趙軍是看不見我們了,那我們不是也看不見趙軍了麼?而且一直舉著旗子,胳膊也會累的嘛!你才是笨蛋呢!」

韓信從廁所出來的時候,這幾個士兵差點就要打起來了。韓信這才繼續宣佈道:「我會派出軍隊出擊的,到時候趙軍一定會領著全部的部隊出來攻打我們,你們就扛著旗子去趙軍總部,把趙軍的旗子全部換成我們的旗子。」

韓信背水擺開陣勢,趙軍傾巢而出攻打他們,因爲韓信軍隊沒有退路,將士們個個拚死作戰,趙軍久攻不下。想要退回營部吃早點的時候,竟發現營部裡面插滿了漢軍的旗幟,都以爲趙王和將領都已經被漢軍俘虜了,陣勢大亂。漢軍大破趙軍,殺了那個受過高等教育的陳餘,俘虜了趙王歇。接著他千金懸賞捉拿李左車。幾天之後,李左車被逮了回來。韓信親自上前爲李左車鬆綁,還把上座讓給李左車坐,對待李左車就像徒弟對待師父那樣。

李左車道:「要殺要剮你快點,別這樣對我,讓我又緊張又難堪。」

韓信道:「我不殺你也不剮你!」

李左車說:「俗話說得好『敗軍之將,不敢言勇;亡國之大夫,不可圖存』。我現在既然被你活捉了,就沒打算活過今天去。你能懸賞千金抓我,已經是給我面子了。」

韓信道：「你看過《Q版三十六計》麼？」

李左車道：「當然看過了，哎，你看現在我口袋裡面都還裝著呢，這樣的好書豈能不看。怎麼你也喜歡看？」

韓信道：「我都快能背下來了，裡面有篇講百里奚的，他以前住在虞國，虞國被滅了之後，秦國重用了他，秦國這才強大起來……這樣不好吧！左車兄，我在跟你很正經地說話，你卻看起了書，雖然書很好看，但是這樣會傷害我的自尊的。今天的你就好比是書裡面的百里奚，如果當初陳餘聽了你的話，現在被俘虜的就是我而不是你了。你是個有理想有道德有紀律的人，所以我虛心地向您請教，您不要推辭才好！爲了表示我對您的誠心，我將新買的同樣是韓冬寫的《四大名逗》贈送給您，我想您一定會喜歡的。」

李左車聽了激動地說不出話來，一頓熱淚之後才拉著韓信的手說：「知音啊，緣分吶！既然你對我這麼好，那我也應該沒有什麼隱瞞才對！將軍你一連滅了三國，雖然勝利不小，但將士們都非常疲憊了，你看門口那個站崗的，睡著了不說，鼻子還在不停地吹泡泡。這樣去攻打燕國，如果燕國憑著險峻的地勢守著不出戰的話，將軍恐怕也很難取勝。」

韓信道：「那先生有什麼好的想法呢？」

李左車道：「想法嘛，當然有了，能把《四大名逗》給我先麼？」

李左車得了韓信的贈書之後繼續說：「將軍一天之內就擊敗了趙國的二十萬大軍，這個事跡早已經被傳到了各個國家，燕國肯定也知道了。將軍這麼厲害，燕國肯定害怕。您可以一邊安撫將士讓他們好好歇息一下，一方面派一個能言善辯的使者去燕國陳述利弊，如此一來燕國定然不戰而降。我去看書了。」

韓信當即寫了一封信，信裡面說了漢軍的厲害，分析了燕國的境況和投降跟抵抗的不同結果，然後在全軍進行了一場辯論賽，讓比賽的第一名帶著這封信去了燕國。接著他把全部的軍隊調到了燕國的邊境線上，打出了「一人投降，全家光榮」、「投降從寬，抵抗從嚴」等巨大的橫幅，讓將士們天天磨刀唱戰歌，嚇唬燕國。燕國君臣早就從報紙上看了趙國被滅亡的消息，現在又看到韓信大軍拉到了自家門口，而且還天天磨刀，個個嚇得戰戰兢兢的。燕王看了韓信給他寫的書信，還沒等那個能言善辯的使者開口，就立刻表示同意投降了。

韓信沒有耗費一兵一卒，只憑一封書信就拿下了燕國，成爲千古美談。

韓冬Say

將領再英名，士兵武功再高，只要打起仗來，總會是有傷亡的。傷亡是我們都不願意看到的，無論從經濟效益還是社會效益上來說都是不小的損失。作戰的目的就是讓敵人屈服，奪取敵人的地盤和資源，只要能達到這個目的就好，沒有傷亡更好。韓信很能打，但他也明白能不打就不打的道理。

爆笑版實例二

李白鬼畫符

李白，姓李名白，字太白，外號非常白，又稱白裡透紅。他最喜歡的顏色是白色，最喜歡喝的酒是白酒，連他的寵物都叫白白。他母親因爲夢到大白星而荒誕地懷了他，所以他和白非常有緣。

雖然我已經夠帥了，但是說到李白我還是不得不甘拜下風，他那美秀的容姿，清奇的骨骼，瀟灑的身影無不令世人興歎，為當時的少女們所崇拜，可惜李白一生愛酒，對庸脂俗粉們的搔首弄姿連看都不看一眼，那些少女恨自己變不成酒壺不離李白左右。李白自稱青蓮居士，喜歡自由，不求進步，他一生的志向是看盡天下名山，嘗遍天下美酒。每次他喝完酒之後都會不停地寫詩，寫到手酸為止。尤其是他那首「床前明月光，疑是地上霜。舉頭望明月，低頭思故鄉。」十分地了得，直接入選了小學語文課本，為後世孩子們所傳唱。

長安有一個人名為賀知章，也喜歡寫詩，一首「碧玉妝成一樹高，萬條垂下綠絲絛。不知細葉誰裁出，二月春風似剪刀。」也入選了小學語文課本，雖然兩人的詩走的路線不同，但因為都是才子，彼此也都心心相印了，所以在長安碰到正在旅行的李白的時候，賀知章就請他到自己家中做客了。賀知章覺得李白老大不小的了，總這樣打著光棍到處流浪也不是個辦法，而且以李白的才華，不來當官實在是有點太可惜了，於是就想動用自己的關係來為李白在朝廷裡面安排個工作。他就給當年的主考官楊國忠和監考官高力士寫了一封信，預先給他們提醒一下，到時能夠多多關照一下。李白雖然覺得這樣不爽，但是看賀知章那麼實在，也不便多說。

楊國忠和高力士收到了賀知章的來信，以為裡面裝的是銀票，卻沒想到只是幾張信紙，而且還是一面已經寫滿了字的信紙，另一面只能來練字、演算、畫娃娃等用。

高力士道：「這個賀知章，收了李白的銀兩，卻想來我們這邊空手套白狼。把我們當傻瓜啊！」

楊國忠道：「就是，當自己是大詩人書法家呢，以爲自己的信多値錢似的。這年頭沒有錢誰給你辦事兒，眞是一點道理都不懂。」

高力士又道：「到時候見了李白的卷子就給他判零分。」

正所謂歲月如歌，時光如梭，轉眼間就到了考試時間了。區區一份考卷怎麼能難得倒李白，李白唰唰寫完之後第一個交卷，楊國忠道誰這麼強，一看卷子上的名字竟然正就是李白。連李白寫的作文看都不看就在上面畫了一個烏龜，然後說：「這樣的書生，只配給我磨墨。」高力士更誇張，竟然說：「磨墨都高估他了，他只配給我脫靴。」說完竟不由分說地將李白趕了出去。

李白肺都快氣炸了，回家後對賀知章說：「如果有一天我得志了，一定要讓楊國忠給我磨墨，高力士給我脫靴，而且我要事先一個月不洗腳。」賀知章慌忙勸道：「一個月不洗腳？那豈不是要高力士的性命麼？別生氣啦，大不了再等三年，反正男人的青春也不値錢，到時候換了考官，李兄必然榜上有名了，來喝酒。」從此開始兩人每日喝酒作詩度日。

一天，渤海國的使者帶著國書來長安晉見唐玄宗——也就是當時的皇上。唐玄宗召全國最有文化的翰林學士來宣讀那封國書。那翰林學士打開國書之後，只是看了一遍又一遍，一個眼睛瞪得兩個大。玄宗似乎知道是怎麼回事了，忙派人先將使者送回賓館休息，國書留下。使者剛一出門，唐玄宗就指著那位學士的鼻子罵道：「是不是不認識啊？是不是看不懂啊？你不是全國最有文化最有內涵的男人麼？一年拿那麼多工資都白拿了！」

翰林學士道：「稟告皇上，我覺得這國書上面的只是一隻鳥不小心掉進了硯臺裡面，又跑到了紙上跳了一曲舞之後留下的痕跡，全然不是什麼文字。」

唐玄宗大怒道：「不認識就不認識，還找那麼多理由。我最痛恨你們這些文人的就是這一點，不敢正視自己，不勇於承認錯誤！好了，給我們唯一的通過外語考試六級的太師楊國忠來讀吧！」

楊國忠接過國書之後看了半天，邊看還邊點頭。

唐玄宗開心地問道：「國忠，上面寫的什麼啊？」

楊國忠擡起頭來回道：「稟告皇上，我不認識！」

唐玄宗道：「啊！不認識？不認識你點什麼頭啊？你那個六級證書是怎麼回事，難道是辦假的？還好我比較聰明，先把使者弄回賓館去了，不然今天人丟大了。楊國忠你把國書傳給大臣們看看，看看有沒有人認識的。」

那封國書就像擊鼓傳花的花一樣在大臣中間傳了一遍，大臣們一看國書紛紛搖頭，最後又傳到翰林學士那邊了。

唐玄宗終於震怒了，終於要講粗話了：「靠！連一封信都認不出來，你們這幫垃圾，你們怎麼對得起國家怎麼對得起人民怎麼對得起生你們養你們的父母怎麼對得起國家給你們的俸祿？哭，還哭，還好意思哭。信都讀不出來怎麼回話，渤海國肯定會嘲笑我大唐無人。天哪，怎麼會發生這樣的事情。如果九天之內還不能認出這封國書的內容的話，所有的人一律處斬。重新找人來代替你們的位子。外交部這幾天就專門招待那位使者吧，別捨不得花錢，誰讓我們不識字呢……」

朝野上下人心惶惶，賀知章回家之後長吁短歎，也沒有叫李白就獨自開始大吃大喝，準備做個飽死鬼。李白見狀非常驚訝。

李白道：「啊，這麼不夠兄弟，有酒也不叫我來喝。」

賀知章歎氣道：「完了，這下完了。此時此刻我只想做一首詩『完了完了全完了，死了死了死定了』，唉……」

李白道：「啊，這也算詩啊，哦，我明白了，這是那個沒什麼文化的作者韓冬寫的詩了。賀兄你一向樂觀積極，在你的詩裡面也充滿了對人生的歌頌和對大自然的熱愛，怎麼今天變得這麼頹廢?是賭博輸了還是得了花柳病了?」

賀知章邊歎氣邊對李白講了整件事情的經過。李白聽完之後微微一笑，端起一杯酒淺酌了一口道：「唉，可惜我金榜沒有題名，沒辦法爲朝廷分憂啊……」

賀知章聽此，忙拉著李白的手道：「賢弟你博學多才，一定認得他們的鳥文吧，我明天就奏明皇上。來，喝酒！」

第二天上朝，賀知章滿面春風。唐玄宗還沒有坐定，他就上前稟告說正在他家做客的他的好兄弟李白認識番文，不過身分是個平民，不好上朝來爲皇上分憂，如果能給他賜個秀才、進士、狀元什麼的話，他就可以上朝來翻譯那封番書了。唐玄宗欽賜李白爲進士。賀知章又說李白沒什麼錢，連件出門穿的衣服都沒有，如果再能賜給他天蠶寶甲、保暖襯衣、紫袍金帶的話那就更好了。唐玄宗考慮到他說的前兩件都是裡面穿的，於是賜給李白紫袍金帶外加烏紗帽。李白入朝，在下面躬身站著。玄宗看到他就像乞丐看到了一百元大鈔，沙漠裡走了八天的人看到了一瓶冰水，打了三四十年光棍的男人新婚之夜看著自己的老婆一樣，眼珠子都快掉出來了，忙道：「救星啊，你可來了，快來看看這封信上寫的是什麼。」李白大致地瀏覽了一遍，便大聲地用漢語念了出來：

渤海國大可毒書達唐朝官家。自你占了高麗，與俺國逼近，邊兵屢屢侵犯吾界，想出自宮家之意。俺如今不可耐者，差官來講，可將高麗一百七十六城，讓與俺國，俺有好物事相送。大白山之菟，南海之昆布，柵城之鼓，扶餘之鹿，捻頡之豕，率賓之馬，沃州之綿，湄沱河之鯽，丸都之李，樂遊之梨，你官家都有分。若還不肯，俺起兵來廝殺，且看哪家勝敗！

大臣們見李白能夠這麼流利地翻譯出難倒全部人的書信，都大聲地爲李白叫好，李白微笑著向眾人揮手。

唐玄宗道：「我還以爲是又要給我們進貢什麼東西呢，原來是來找事兒的，還胃口大到一下子就想要高麗過去，大家有什麼想法沒？先別急著崇拜李白了，想個辦法應付渤海國先吧！」

一聽到皇上問問題，大臣們有的開始閉目養神，有的開始低頭剪指甲，有的互相拉起了家常，一如往常一樣。

唐玄宗到：「你們這是什麼表情，回回問問題的時候你們都這樣，怎麼一討論漲工資的時候你們發言比誰都積極！這日子沒法過了簡直。」

賀知章走上前道：「我們打高麗的時候就很不容易啊，當年太宗皇帝三次遠征高麗都沒有拿下。後來高麗內亂了，派了薛仁貴率領著百萬大軍打了好多仗才將高麗拿下。現在天下太平，好多年都沒打過仗了，要是和渤海國比吟詩做對泡妞的話，我們肯定可以取勝，要打仗的話，估計很難取勝啊！」

唐玄宗道：「那怎麼辦？難道我們就任一個小小的渤海國來欺辱我們？這日子真的沒法過了，唉。」

賀知章道：「李白那麼聰敏伶俐，肯定有辦法的，皇上問他吧！」

李白道：「皇上放心吧，明天召見使者我來當面回答他。我有辦法讓他們的老大知道我大唐的厲害，讓他自己束手來投降。」

玄宗大喜，當即封李白爲全國最有文化最有內涵的男人，並設宴款待李白，還叫美女來陪李白喝酒。李白一頓胡吃海喝大醉而歸。

第二天早上李白起得太早，酒勁還沒過去。朝上坐著唐玄宗，下面立著文武大臣和渤海國的使者。李白想起了科考時候所受的屈辱，向楊國忠和高力士看過去，楊國忠和高力士忙擡起頭來看著天花板，目光閃爍顧左右而言他，兩人的心都兀自跳得撲通撲通的，不知道李白會當著這麼多人的面怎麼爲難他們。不管你再怎麼緊張，再怎麼害怕，該來的終究還是會來的。李白開口道：「皇上，希望你能夠批准讓楊國忠爲我磨墨，高力士爲我脫靴，不然我真的搞不定這件事情，頭好疼，哎喲，頭好疼！」唐玄宗立刻准奏，楊國忠不情願地上去爲李白磨墨，李白估計將毛筆甩啊甩的，弄了楊國忠一臉的墨汁。高力士扭扭捏捏地走上去爲李白脫靴子，李白蓄意地將一個月未洗的腳伸到高力士鼻子跟前，高力士幾近昏厥。李白提起大筆一揮，一會兒就寫好了回信，拿到玄宗面前，玄宗只看到上面龍飛鳳舞張牙舞爪，卻一個字都不認識，於是說：「嗯，不錯！李白你念給使者聽吧！」李白捧著那封嚇蠻書朗誦起來：

大唐開元皇帝，詔渝渤海可毒，自昔石卵不敵。蛇龍不鬥。本朝應運開天，撫有四海，將勇卒精，甲堅兵銳。頡利背盟而被擒，贊普鑄鵝而納誓；新羅奏織錦之頌，天竺致能言之鳥，波斯獻捕鼠之蛇，拂菻進曳馬之狗；白鸚鵡來自訶陵，夜光珠貢於林邑；骨利干有名馬之納，泥婆羅有良酢之獻。無非畏威懷德，買靜求安。高麗拒命，天討再加，傳世九百，一朝殄滅，豈非逆天之咎徵，衡大之明鑒歟！況爾海外小邦，高麗附國，比之中國，不過一郡，士馬芻糧，萬分不及。若螳怒是逞，鵝驕不遜，天兵一下，千里流血，君同頡利之俘，國爲高麗之續。方今聖度汪洋，恕爾狂悖，急宜悔禍，勤修歲事，毋取誅戮，爲四夷笑。爾其三思哉！故諭。

番使聽完之後大爲吃驚。見楊國忠和高力士都爲李白磨墨脫靴，又見李白這麼氣勢磅礴，唐朝也不是好惹的，並不是他們想像的那麼書生和柔弱了。回到渤海國後，向他們的老大彙報了所有的事情，接著又把李白寫的那封國書交給渤海國國王。國王看後充滿恐懼地說：「唐朝有神仙相助啊，打不過打不過的！」便寫了降表，年年進貢，歲歲來朝。

韓冬Say

不管打仗還是打架抑或是人與人之間的鬥爭，都講究一個氣勢的問題。一旦你的氣勢弱了，只講禮貌和道理了，就可能會被對方看不起進而來侵犯你。四海升平也並非好事，容易讓一個國家慵散和書生意氣起來，如果唐朝和渤海國打起來的話，並不一定能夠有勝利的結果，即便仗著地大物博最終取勝，至少會生靈塗炭危害人民。李白一封國書嚇退渤海國，大唐的平安、人民的安居樂業得以保全，最有型的男人他當之無愧了。

爆笑版實例三

盜版圖書害死人

明代第六任皇帝朱祁鎮，出生八十多天被封為太子，九歲即位，年號正統，死後廟號英宗。

王振，山西蔚州人，早年的時候也當過官，後來因為有人犯事而被牽連，眼見仕途無望於是揮刀自宮欲練葵花寶典，卻發現手上的寶典竟然是一本盜版圖書，裡面錯別字整段整段地出現，就照這個練的話非得走火入魔不可。王振大歎一聲：「盜版圖書害死人啊！」之後進入東宮侍奉太子講讀，從此開始陪伴朱祁鎮。朱祁鎮親政之後，因年齡太小，對玩尿泥的興趣遠比對政治的興趣要大得多，再加上他從心理上非常依賴王振，於是將所有的朝政事務交由王振處理。自此王振把持朝政，一手遮天。

西元一四四九年七月，蒙古瓦剌部首領也先聯合兀良哈等部大舉進犯北疆，部隊兵分三路，也先自己率領大軍兵至大同。邊境的告急信像重症脫髮病患者的頭髮一樣不停地飄落入朝中。英宗即位之後還沒有發生過這樣的事情，非常著急，找來王振商量。

英宗道：「怎麼辦啊？有人來打我們了，十萬火急的告急信就像重症脫髮病患者的頭髮一樣不停地飄落過來。」

王振道：「這個比喻還真是有夠沒文化的。怕什麼啊不就是打仗麼？只要皇上您穿上拉風的總司令軍裝，騎上同樣拉風的高頭大馬，帶著部隊去迎戰，那些瓦剌兵保管望風而逃。」

英宗道：「打仗……會不會很好玩？帶著幾十萬人一同出去遊玩，想必應該是一件很浪漫的事情了，你呢？你也會隨我去的吧！」

王振道：「那自然了，有皇上的地方就有我了。我會好好保護皇上的。我能想到最浪漫的事，就是和皇上一起出去旅遊。」

就這樣，英宗就決定要御駕親征了。其實他們兩個的想法是這樣子的。

英宗：自當了皇上之後，除了出去祭過一次祖之後就沒有出過遠門了，這次一下帶著這麼多人一起出去玩，一定是非常刺激的事情了；太祖和世祖都有過御駕親征大獲全勝的歷史，並為天下人所傳唱，自己如果能建立這樣一番事業的話，會比現在更有魅力更加自信的。

王振：當初被一本盜版書騙了，揮刀自宮了，已經不是真正的男人了。雖然現在自己把持著朝政，群臣們不敢說什麼，但是說不定他們背後說自己什麼壞話呢，如果這次出去剷平了瓦剌軍，也可以為自己樹立起威信，增長自己做男人的尊嚴。

這時忽然傳來一個聲音：「你們當打仗是玩啊？你們考察敵軍數量了麼？你們知道敵軍慣用的戰術麼？你們制定戰略戰術了麼？就這樣出去跟送死有什麼區別？」

王振道：「區區幾個瓦剌軍算得了什麼？有我們英明的皇上親征還怕取不了勝麼，送死？我看你真是愛說笑！……咦，剛剛是誰在說話？」

英宗向左右四周看了看，攤開雙手聳了聳肩膀道：「我也不知道！」

那個聲音又說：「我就是善良的韓冬，專門來爲你們指出危險的，耶！」

王振道：「靠，秀逗了！走，皇上出去宣佈決定吧！」

明英宗出去宣佈了他要帶著王振御駕親征的決定。文武大臣們都覺得太過危險，紛紛趴在地上哭著求皇上收回他剛剛說的話。可是英宗早已被自己滿腦子浪漫的想法和王振的話鼓動到頭腦發熱了，他大聲說：「數到三不哭，如果還有人哭著要我收回成命的話，就砍誰的頭！」英宗一都還沒數出來，所有的大臣就都直直地站起來了。

從全國各地緊急調集了五十萬人馬之後，他們就出發了。大軍從德勝門出發，經過居庸關、八達嶺、懷來縣、宣府，一路向大同開去。因爲王振和英宗一點軍事知識都不懂得，出來的時候除了兵馬和糧草之外什麼都沒帶。北方天氣漸漸轉冷，而將士們穿的還是T恤，到了山路地區又碰上了連綿的秋雨，他們兩個有車拉有人擡，將士們則深一腳淺一腳地艱難地往前走，好多人的鞋子陷進了泥裡面拔不出來，只得光著腳走路，好多戰士都得病了，他們也沒有帶必備的藥品，戰士們拉肚子拉死的，感冒感死的若干人，最過分的就是後面的糧草沒有跟上，這些戰士死之前連頓飽飯都沒吃上，只是喊著：「我要感冒通！」、「我要瀉停封！」將士們已經全然沒有了鬥志。

八月初一的時候，大軍終於到達了大同。也先雖然是個蒙古人，但因爲看了《Q版三十六計》卻也還是懂得一點用兵之道的，他運用誘敵深入之計，假裝敗走。王振以爲瓦剌軍害怕了，就對明英宗說：「看到了吧，皇上御駕親征，他們真的還害怕了！」明英宗只道原來打仗就是這麼簡單的事情，於是派兵追擊，不想先頭部隊被也先圍在了一個峽谷之中一舉殲滅有去無回了。明英宗聽後大驚，加上連日來的旅途勞頓漸漸地開始厭惡這種旅行了，於是和王振一起決定搬師回家。王振因爲到了離家鄉不遠的地方，想回家鄉炫耀一下，因此不聽大同總兵讓部隊速從紫荊關撤退的建議，卻讓英宗一起去他家鄉蔚州走一趟，吃點馬鈴薯什麼的。走到半路他又怕大軍踩壞家鄉的莊稼，命令部隊轉道。幾十萬的兵馬就這樣被他帶著玩來玩去，將士們心中憤懣不平，都希望王振出車禍撞死，喝水噎死，睡覺被鬼壓死。就這樣七搞八搞之後，撤兵的最佳時機已經錯過了。

部隊退到距離懷來縣城二十里，距離京都只有三百里的土木堡了，眾人紛紛勸導皇上應該立刻開著馬車進入懷來城。而王振卻讓英宗和大家一起在這裡等他的一千多車財物，下令在土木堡紮營。等啊等啊，就把也先的部隊給等來了。也先的部隊控制了水源，明軍沒有水喝陷入困境之中，發下來的酸梅只能頂一時，頂不了一世，將士們苦不堪言。明英宗派使者出去求和，也先假裝答應了。當明軍出營之時也先出動了鐵騎，從四面八方向明軍發起攻擊。明軍慘敗，土木堡前變成一片血的海洋。

護衛將軍樊忠看到敗局一定，大喊一聲：「都是這傢伙搞事，我滅了他先！」一榔頭將王振砸死過去。明英宗被瓦剌軍俘虜。此次一戰，明軍的數十萬部隊毀在旦夕之間，明英宗和數十名大臣被瓦剌軍俘虜。

韓冬 Say

只有了解了敵軍才能有針對性地制定戰略戰術，只有了解了自己才能決定從哪裡打怎麼打。這兩方面的了解愈多，取勝的把握就愈大，了解得愈少吃敗仗的可能就愈大。明英宗在兩方面都不了解的情況之下就貿然出戰，不當俘虜還能當什麼。皇上成俘虜，唉，丟臉啊！

軍形篇

喜歡一上來就衝上去砍的人並不是善於打仗的人，而是善於送死的人。所謂的防人之心不可無，害人之心也不可無的意思就是：首先你要能做好防備敵人的工作，然後才可盯著敵人瞅機會幹他。一味地蠻幹是要壞事的。

總能打勝仗的人並不是真的因為他在戰場上有多能打，而應該是在上戰場之前本來就已經注定了他要打勝仗，他上去只是跑趟龍套而已。

原文

孫子曰：昔之善戰者，先為不可勝，以待敵之可勝。不可勝在己，可勝在敵。故善戰者，能為不可勝，不能使敵之可勝。故曰：勝可知而不可為。

不可勝者，守也；可勝者，攻也。守則不足，攻則有餘。善守者，藏於九地之下；善攻者，動於九天之上，故能自保而全勝也。

見勝不過眾人之所知，非善之善者也；戰勝而天下曰善，非善之善者也。故舉秋毫不爲多力，見日月不為明目，聞雷霆不為聰耳。古之所謂善戰者，勝於易勝者也。故善戰者之勝也，無智名，無勇功，故其戰勝不忒。不忒者，其所措必勝，勝已敗者也。故善戰者，立於不敗之地，而不失敵之敗也。是故勝兵先勝而後求戰，敗兵先戰而後求勝。善用兵者，修道而保法，故能爲勝敗之政。

兵法：一曰度，二曰量，三曰數，四曰稱，五曰勝。地生度，度生量，量生數，數生稱，稱生勝。故勝兵若以鎰稱銖，敗兵若以銖稱鎰。勝者之戰民也，若決積水於千仞之溪者，形也。

另類譯文

孫子教導我們說：歷史上善於打仗的人，首先要做的都是創造自己不讓敵人打敗的條件，然後再盯著敵人找可以搞定對方的時機。這樣做的原因在於，能保證不讓敵人打敗在於咱們自己的努力，你可以修修城牆，挖挖陷阱讓敵人不容易打過來，也可以給官兵們補補營養讓他們個個身體強健，這些都是我們能做的，而要打敗敵人，就在於對方有沒有紕漏或者空隙讓我們乘機了。

所以，善於打仗的人並不是每次都能打敗敵人，但至少可以做到不被敵人打敗，不至於你給了他十萬人最後就回來他一個，而且還是個殘廢。根據我們前面的章節，勝利是可以預料的，但並不是預料到了勝利就能勝利的，蠻幹是不能取得勝利的：這就好比你面前有一個小孩拿著一個棒棒糖，你要去搶，而你事先已經知道了這個小孩他強壯的父親和驍勇的母親都上班去了，而方圓十里之內沒有一個人會出來救他，因為為了搶這個棒棒糖，你已經給周圍的人塞了錢，而且你也了解到了那只是一個普通的三歲小孩，而不是萬中無一的武學奇才。按說你現在可以完全預料到你能夠搶來那個棒棒糖的，你盯著他手裡的棒棒糖，大喊著打劫向他衝將過去，還沒衝到的時候，他就轉身將棒棒糖插到了旁邊的一坨便便上，而且是頭向下地插進去。結果你還是沒能搶到，這就是你蠻幹的結果，如果你能溫柔地走過去，哄著他然後把握住那個棒棒糖的話，你最後是可以成功的。

不會被敵人戰勝，在於你自己嚴密地防守和對官兵們的營養補得好；可以戰勝敵人，在於你能夠乘機進攻。我們之所以防守並不是因爲我們的個人愛好是防守，也不是因爲晚上夢到觀音菩薩讓我們防守，而是因爲我們的力量不夠，進攻是要吃虧的。我們之所以進攻並不是因爲我們不喜歡歇著，也不是因爲我們有多動症，而是因爲我們力量強大，能夠戰勝敵人。善於防守的部隊，就像隱藏在好深好深的地下一樣，讓敵人打著燈籠都找不著；善於進攻的軍隊，就像是忽然從好高好高的天上自由落體下來一樣，即便敵人事先派了最能幹的狗仔隊，都一點消息也沒有收到，這樣的話，就可以保全自己而大獲全勝了。

能預見到大多數人都能預見的勝利並不算是最好的；打了勝仗天下人都仰慕你的也不算是最好的。這就是我們所說的能舉起頭髮的並不算力氣大（除非是一卡車頭髮），能看到太陽和月亮的不算眼神好（除非是閉著眼睛），能聽得見雷聲響的並不算耳朵靈（除非是火星上的雷聲），會說「hello」的並不算是英文好，能跑過烏龜的千里馬並不算是跑得快。

古代說的善於打仗的人，是指能夠取勝於很容易打敗的敵人的人。所以，說善於打仗的人智商都超過二百，個個都會降龍十八掌，只是你們這些升斗市民一廂情願的想法罷了，誰說會打仗的人不能是弱智，不能是禿頂。他們之所以能夠打敗敵人，是因爲在事先已經下足了功夫，已然使自己立於不敗之地，然後又在作戰措施上穩紮穩打，不出差錯，這樣才打了勝仗的。總之就是一句話：

善於打仗的人，先讓自己立於不敗之地，然後在不放過任何能打敗敵人的機會。所以我們可以看到，最後取勝的軍隊都是先創造了勝利的條件，在第一篇裡面的那所謂的五個方面占了優勢，才會出去和敵人拚命，而失敗的軍隊總是一上來就砍，然後邊打邊想怎麼取勝，這個時候才想，已經完了八百年啦，所以說老師號召我們應該事先預習課本，並不是我們所想的想整我們哦！通常意義上的好指揮官，都是能夠修明政治，貫徹法制的人，沒見過貪官污吏好色之徒領著部隊能打勝仗的。

兵法上有五個範疇：一是「度」；二是「量」；三是「數」；四是「稱」；五是「勝」。一個字一個字的說話實在是夠酷的，雖然酷但是不利於大家理解也不利於掙取稿費，所以還要解釋一下。敵我雙方國家土地的大小，所處地域的不同，就是「度」；敵我雙方土地大小不同，所處地域不同就決定了物質資源的不同，敵人疆土有幾百萬平方公里我方只有幾畝地，敵人在資源豐富美女又多的「天府之國」，而我們在寒冷的南極上，這就決定了兩方所能擁有的物質不同，這就是「量」；所擁有的人口和物質資源的不同，決定了軍隊的多少和兵源的素質，這就是「數」；敵我軍隊和兵源的不同產生了雙方戰鬥指數的不同，這就是「稱」；敵我軍事實力的不同，最後就決定了誰能取勝了。

所以，勝利的軍隊和失敗的軍隊相比較，就像是五七六比一一樣，為什麼是這麼奇怪的數字，難道是作者的生日？錯！作者的生日是八二九哦，大家記好了。原文中的鎰和銖都是古代的重量單位，一鎰等於二十四兩，一兩等於二十四銖。而失敗的軍隊和勝利的軍隊相比，就像是一比五七六一樣。其實也就是旺仔小饅頭和巨無霸漢堡的關係了。從外觀上來看就知道哪個更厲害了。

前期工作都做好了，勝利一方指揮士兵作戰就像從八百丈的高山頂上有個蓄滿水的水庫，然後忽然打開閘門一樣傾瀉而下，其勢雷霆萬鈞不可阻擋。正所謂「飛流直下三千尺，疑是銀河落九天」好詩，好詩！

爆笑版實例一

伍子胥採訪孫子記——

伍子胥，名員，字子胥，楚國人。本來他們一家子人都是楚國忠臣，爲楚莊王將楚國建設得繁榮富強成爲中原霸主出謀畫策了不少，接著攤上了一個昏暈淫蕩的楚平王，楚國國力日趨衰落，他們看在眼裡急在心裡，接著楚平王懷疑太子謀反，抓了太子太傅伍奢也就是伍子胥的老爸，並要將之處死。伍奢派人送信回家，伍子胥和他哥哥伍尙一起出門，伍子胥閃去了吳國，而他哥哥伍尙去陪他們的父親伍奢一起死，楚平王不解風情，沒有被這感天動地之舉所打動，真的就處死了他們。

子胥跑到吳國之後，經過觀察發現吳公子光比較有發展前途，就幫助他做掉了吳王僚，將公子光推上了吳國老大的位子，這就是吳王闔閭了。闔閭接著重用了從楚國逃往來的貴族階級伯嚭和我國歷史上著名的軍事家傳說中《孫子兵法》的作者孫武。在他們三個的輔佐和闔閭的英名領導之下，吳國的政治經濟和軍事都強大了起來，成爲東南地區的強國。正所謂「飽暖思淫欲」，國家強大了，就想著發起戰爭搶奪地盤了。

伍子胥：「楚國殺我父親和哥哥，同我有不共戴天之仇，我已經不當它是我的母國了，不滅楚國，難消我心頭之恨。」

闔閭：「子胥你先別哭，我們來聽聽他們兩個的意見之後，舉手表決。」

孫武：「從兵法上來說，決定進攻哪個國家需要從各國的強弱和外交關係上來分析，經過分析，我也覺得先攻打楚國是正確的。」

伯嚭：「我在楚國的時候是有錢人，而且不是一般的有錢，是非常有錢的那種。我也贊同先打楚國，拿回我的大房子和銀子倒在其次，重要的是楚國的國王現在只知道泡妞和聽信小人之言，這個時候去打他們正好，所謂的趁火打劫就是這個道理。」

闔閭：「好，現在來我們舉手表決一下。同意先進攻楚國的兄弟請舉手。」

在肅穆的吳國國歌聲中，大家舉起了自己莊嚴的一手。闔閭點了點數：「啊，只有我們四個人怎麼會有五隻手？子胥，舉一隻手就夠了！」

伍子胥：「哦，好！」

闔閭：「全數通過，那麼我們就這麼決定了，優先滅了楚國。」

孫武道：「但是……」

闔閭：「『但是』往往是最重要的！孫將軍還有什麼意見，說出來我們一起商量？」

孫武道：「我覺得孫將軍雖然我們應該優先攻打楚國，但是現在還不是時候。楚國怎麼說也是個大國，雖然現在朝綱紊亂不調，但終歸是有錢又有兵馬，而我們只是個新興國家，從人力物力上來看，攻打楚國還不能有取勝的把握，從軍事上來說是這樣子的，你們覺得呢？」

闔閭：「嗯，有道理！有勇有謀的子胥你覺得呢？」

伍子胥：「我也覺得孫將軍說得有道理，我在此基礎上有一個更好的建議。不過在這個建議之前我想採訪孫將軍一個問題，韓冬那小子的這本書就是寫您的《孫子兵法》的，您會不會覺得它強姦了您的思想和著作呢？」

孫武想了想道：「他寫的思想還是我的思想，只不過是換了一種人民群眾喜聞樂見的寫法而已，書寫出來就是給人看的，事實上我也覺得我的寫法太過於晦澀了，有韓冬將《孫子兵法》進一步地深入化、娛樂化，我非常開心，謝謝！」

闔閭：「子胥，說說你的建議！」

伍子胥道：「我覺得我們不但要專注於發展自己強大自己，而且要注意削弱楚國勞累楚國，隔岸觀火固然不錯，如果能再火上澆油的話那就非常不錯了！楚國雖然將多但彼此不和，而且有互相推諉的特點。我們可以將部隊分爲三部分，輪番地變著法兒地騷擾楚國，勾引他們全軍出戰。他們出來了我們就退兵，他們退兵了我們再進攻。累死他們！」

伍子胥還沒有說完，在座的人就都鼓起了掌，紛紛讚揚伍子胥的主意非常好，闔閭還吩咐一位漂亮美眉給伍子胥獻了花。

次年，闔閭開始實施子胥的計劃，他將部隊分爲三批。派了一支部隊去進攻楚國的六城和潛城，楚國連忙拉了部隊去救援潛城，等兵馬跑到潛城的時候，吳國兵馬已經離開了潛城佔據了六城。沒過幾天，吳軍又開始攻擊楚國的弦，楚國又調集軍隊跑到幾百里外去救援弦，人還沒到的時候吳軍又撤離了。就這樣，吳軍三班輪流地騷擾楚國，楚國的部隊仗沒有打幾場光跑路了，這一搞就是六年。楚國士兵的腿都跑短了一截，鞋子跑爛了一雙又一雙，跑得怨聲載道。

有孫武，打仗不用愁。疲楚計劃成功之後，吳國展開了大局進攻楚國的準備。然而這個進攻也不是野蠻地帶著部隊衝上去就打，那是粗人的做法，孫武他們的做法是首先拉了和楚國有矛盾的蔡國和唐國爲自己的盟國，讓楚國的北面完全暴露給吳國，如此一來就可避開楚軍兵力強盛的防守。接著又拉了一些部隊去進攻越國，並昭示天下說吳國要全面攻打越國，這樣一來楚國就以爲吳國要攻打越國而不是楚國，放鬆了警惕。再接著又搞了一個反間計，讓楚國不用很會打仗的子期，而任用了貪婪無恥下流的子常爲部隊將領。這時候吳國才正式開始攻打楚國。楚國部隊這些年跑了不少冤枉路，本身就很累了，再加上吳國做了那麼多的前期工作，雙方軍隊一接觸，楚軍就全線潰敗下來。吳軍一路追擊，長驅直入了楚國都城郢，終於成功破楚。

韓冬Say

有《孫子兵法》的作者孫武在，闔閭想打敗仗都難。再加上伍子胥英明的計策，強大的楚國終於被滅了。伍子胥雖然報仇心切，但能清醒地認識到敵我雙方實力上的差距，能夠用疲敵累敵之計達到「勝兵先勝而後求戰」的要求，不服他都不行啊！

爆笑版實例二

前列腺炎是被這樣憋出來的——

「學好數理化，不如有個好爸爸」，這句話明白無誤地表明了有個好爸爸是多麼重要的事情。而楊堅不但有個好爸爸——楊忠，北國開國功臣，十二大將軍之一，封隋國公；還有個好老婆——鮮卑貴族，北周大司馬，河內公，「八柱國家」之一孤獨信的女兒；還有個好女兒——宣帝的皇后。在加上他本人有知識有理想，他就成爲北周重要的軍事將領和皇親國戚，成爲統治集團中的核心人物之一。宣帝禪位給七歲的兒子的第二年自己就掛了。楊堅於是搶了老大的位子，並改國號爲隋，便成爲歷史上的隋文帝。

他一直都有統一天下的信心和決心，但當時他剛剛謀朝篡位成功，而國家也被荒淫無道的宣帝給搞得烏七八糟，他日理萬機都還忙不過來。他開始勵精圖治，進行政治、經濟的改革，同時加強了中央集權、澄清了吏治，使得國力大大地增強。而這些事情都是在北方突厥不斷地侵犯和騷擾之下進行的，國力不夠強大的時候，忍氣吞聲一下也是應該的，正如手無縛雞之力的時候，忍讓別人的欺負是應該的一樣，重要的就是要能自知，要有上進的心，我現在就每天都做俯臥撐和引體向上，以期有一天不被人欺負。突厥要滅，統一事業也要進行。隋文帝制定了先滅突厥、後滅陳國的戰略方針。他首先將精力放在應付突厥那方面，這個時候他主動和陳國示好。

【鏡頭一】

士兵：「報告皇上，抓到了陳國的間諜，他正在公共浴室窗戶上偷看，說是在考察我國浴室內部的建築情況。」

隋文帝：「是誰派你來的？」

間諜：「是陳王派我來的，我是陳國中央情報局的。」
隋文帝：「陳王啊，他身體可好？回去後代我向他問好，左右，開了他的手銬和腳鐐。」
間諜：「啊，這樣就放我回去？」
隋文帝：「哦，對了。給他幾十兩銀子做盤纏用。」

【鏡頭二】

士兵：「報告皇上，有個陳國的領導帶了很多銀子和女人來投靠我們！」
隋文帝：「啊，有這樣的好事？帶進來看看先！」
士兵：「人帶到！」
隋文帝：「你是陳國的什麼領導啊？」
韓鄉長：「稟告皇上，我是陳國某鄉的鄉長，因爲貪污太多了，那邊正在抓我，所以帶了銀子和女人來投靠您，希望能夠收留我。這些女子都是我們村最正點的。」
隋文帝：「我生平最痛恨的就是你這樣的貪官，何況我和你們老大關係那麼好，我怎麼可能收留你，左右，把他給我捆起來遣返回國，銀子和女人一起裝上車送回去。」

好多這樣的事實，終於讓陳國以爲隋文帝沒有膽量和陳國較勁，於是放鬆了對隋的警惕，終於讓隋文帝騰出手來搞定了突厥那邊的事情。接下來隋文帝便開始著手收拾陳國以完成統一大業了。他也沒有直接興師動眾地去進攻陳國，而是採用了比較陰的手段來削弱陳國的力量。每當陳國那邊到了農收季節的時候，他就派很多間諜去陳國那邊大肆散佈這樣的言論：「隋國就要進攻陳國了，而且他們的士兵最看不得別人收水稻了，看見一個殺一個！」這樣一來，陳國人民不敢去田裡面收割，而陳國還要緊急調集兵馬前去防範。等發現這些都是謠言之後，農時已經延誤了。他還派間諜神出鬼沒地去焚燒陳國的糧倉，陳國的消防隊多年不用，挑水挑不動，求雨求不下來，只能眼睜睜看著火燒大米，大部分大米被燒成了炭，沒有燒成炭的被爆成了爆米花，而大米做的爆米花又不好吃。就這樣一搞就是好幾年，陳國的物力、財力被極大地損耗，國力急劇衰弱。

隋文帝開始爲真正的征戰做準備了。他任命楊素爲水軍總管，日日夜夜地操練水軍，以便渡江作戰時用。水軍就駐紮在大江前沿，每次換班的時候都會大聲敲鼓，大聲叫喊，讓陳軍以爲他們要發起進攻了，急急忙忙擺好陣勢的時候，才發現對方只是換班，非常迷惑和失望，時日一久，都得上了「換班綜合征」，具體症狀就是只要一聽到有鼓聲和喊聲就心跳加速頭皮發麻，整天整天地茶飯不思。水軍訓練好，船也造好準備進攻的前幾天，隋軍又派了很多的間諜前去對岸進行了一系列的騷擾。

【鏡頭一】

陳兵甲：「這麼晚了出去幹嗎？」

陳兵乙：「去上廁所。」

須臾，營房外傳來一聲尖叫。

陳兵乙：「啊……鬼啊，貞子啊！」

那個可憐的陳兵乙從此神經錯亂，而陳兵晚上不敢出門上廁所，很多憋成了前列腺炎，而那個陳兵乙哥哥看到的所謂的鬼，正是隋軍間諜所扮。

【鏡頭二】

天剛亮。陳兵甲剛剛出門就「哎喲」一聲掉進了陷阱裡面。前來觀望的士兵跑到半路上的時候也分別掉進陷阱中。自此他們人心惶惶，走路都要手拿一根棍子探路。

【鏡頭三】

江邊。

陳兵甲：「天啊，誰又把船拖到岸上來了！」

【鏡頭四】

驛站門口。

軍情傳遞員：「誰啊？又把馬韁繩打成這樣的死結，解都要半個多小時解……」

人民的創造力是無窮的，這樣的鏡頭還有很多很多。所有這些都是隋軍間諜所爲，一時間攪得陳國軍民不得安寧。

隋軍做了這許多事情，卻依舊引不起陳後主思想認識上的警惕，他仍然痲木不仁醉生夢死著。西元五八八年十月，隋文帝終於指揮水陸軍共計五十一點八萬人發起了總攻。當楊素的戰船抵達長江南岸的時候，陳國守軍依舊在憋著尿的睡夢之中。隋軍一路戰無不勝，攻無不克，很快佔領了建康，活捉了陳後主陳叔寶，滅了陳國，實現了全國的統一。

韓冬Say

敵人的勢力強於我們總是經常會出現的情況。積蓄力量的時候，我們需要裝孫子，要去挑戰之前，需要瞎搗亂。目的呢，就是讓我們強大，保證這一仗打不勝至少也不會敗；讓敵人消耗實力，保證讓這一仗他們必敗。有了這兩個保證，我們贏定了，就像隋軍一樣。

爆笑版實例三

我還有救，麻煩快叫救護車——

長勺之戰，發生於周莊王十三年（西元前六八四年）之春，是春秋初年齊魯兩諸侯國之間進行的一場車陣會戰，車陣會戰不是比誰的車多，也不是撞車玩而是以車開路步兵跟進，衝入敵陣之後車上的人也可以跳下來打這樣的。此次戰役是我國歷史上後發制人，以弱勝強的著名戰例，毛主席他老人家就非常喜歡講起這個戰例，在他的《中國革命戰爭的戰略問題》一書中就舉了長勺之戰的例子。

在那個時候，魯國佔據著都城曲阜，它保留了很多宗周社會的禮樂傳統，疆域和國力跟齊國比較都處於劣勢地位，屬於二等國家。齊國，乃是姜太公呂望的封地，佔據著都城臨淄。齊國經濟發達，實力雄厚，從西周到春秋時期一直都是東方不敗。

西元前六八六年，齊國的宮廷內部發生了動亂：齊襄公的堂弟弟公孫無知殺了齊襄公，自立爲君王。幾個月之後，公孫無知又被大臣殺了，如此一來，齊國老大的位子就空了下來。齊襄公有兩個弟弟逃往在外，他們分別是公子小白和公子糾。公子小白跟隨著他的師父鮑叔牙在莒國避難；公子糾則和他的師傅管仲在魯莊公處避難。兩人都想回國搶佔齊國老大的位子。魯莊公乃是公子糾的舅舅，他一方面派了魯國最快的車和跑得最快的士兵護送公子糾回齊國，一方面派管仲帶著魯國最能打的兵前去攔截公子小白。管仲攔到了小白，一箭射出，正中小白的腰帶扣，小白咬爛舌頭，大吐一口血之後，從車上一頭栽了下來。管仲以爲這一箭射死了小白，他立刻回去跟公子糾報告。

按照醫學角度來說，一箭射中小肚子，是不會那麼快從口中噴血出來的，即便從口中流血也得等個兩三分鐘，那血也不會是射出來的，而是順著嘴角慢慢流淌下來的，這個時候被射中的人應該還可以睜著眼睛說上兩三句話的，比如：

「好好照顧我們的孩子！」

「答應我，你要好好活下去。」

「趕緊把我送醫院吧，我還有救，別只顧著喊我名字了。」

而管仲卻沒有想到這一點，還回去興高采烈地報告了公子糾說，小白被他一箭射死了，由此可見，他作為一名謀士還是有欠缺的。先前快速往回趕的公子糾也開始不慌不忙起來，邊走邊欣賞起風景來了。等他回到齊國，才知道公子小白早已做了齊國國君，這就是齊桓公了。公子糾只好又返回了他的舅舅魯莊公那裡。

西元前六八五年，齊魯兩國在齊國境內的乾時進行了一場大戰，此戰以魯國戰敗告終。不久之後，鮑叔牙乘勝追擊，以掐斷魯國的電視線路和網路為威脅，要魯莊公殺死公子糾交出管仲，魯莊公明白沒有網路和電視將會是多麼的痛苦，無奈之下只好弄死了公子糾，將管仲交給了齊國。

魯國自乾時戰敗之後，積極進行軍事鬥爭的準備，訓練部隊，製造兵器，加強防守，軍事實力大增。管仲到齊國之後，齊桓公沒有因爲當初管仲射了他就記仇，反而敗他爲相。管仲建議齊桓公內修外練，做好充分的準備之後，再擴張勢力。齊桓公卻覺得齊國勢力已經夠強大，兵馬已經夠彪悍，非要立刻向外擴張，第二年的春天，讓鮑叔牙帶領著部隊去攻打魯國。

魯莊公正準備要披掛上陣前去迎敵的時候，來了一個名叫曹劌的人求見，說他覺得大臣們庸碌無能，不能遠謀，他不忍心眼睜睜地看著自己的國家被齊國軍隊蹂躪，是以前來拜見莊公，要求打仗的時候帶上他一起。

曹劌：「請問莊公您依靠什麼同齊國作戰？」

魯莊公：「平常我將好吃的好穿的都分給大臣，他們很開心，都誓死效忠我。」

曹劌：「只是一些吃的穿的，又不是好房好車，這些只能算是小恩小惠。而且你只是分給大臣，人民卻什麼都沒有得到，他們就不會出力了。」

魯莊公：「我每次祭祀的時候，有多少豬頭就給菩薩說多少豬頭，從來沒有騙過菩薩他們。」

曹劌：「對神明守這點小信用，未必能感動得了他們，而且他們那麼忙，也不會有太多時間管你的。」

魯莊公：「對於民間的案子，雖然我不能例例躬行，無法做到明察秋毫，但必定公正地准情度理地予以處理。」
曹劌：「這條倒是不錯，老百姓喜歡你。就具備了和齊國打仗的基本條件了。出發吧！」
魯莊公和曹劌同乘一輛戰車，率領著大軍前去迎戰齊軍。根據齊軍人多勢眾，銳氣正盛的特點，魯軍採取避開齊軍鋒芒，以退為進的戰略思想，他們將部隊退到了利於反攻的長勺，以逸待勞，準備和齊軍進行決戰。
齊將鮑叔牙覺得魯國國小兵弱，根本就沒放在眼裡。帶著部隊到達長勺之後，連歇都不帶歇的便立刻向魯軍發起猛攻，鼓聲喊聲驚天動地。魯莊公見狀便想要命令擊鼓出擊。
曹劌：「Ｓｔｏｐ！」
魯莊公：「啊，為什麼？齊軍打過來啦！」
曹劌：「現在齊軍士氣旺旺，我們現在出擊正好合了敵人的意，堅守陣地，不要正面交鋒，避開敵人的銳氣才是當下要做的。」
魯莊公：「有道理！傳令下去，誰都不許衝出去打！」
齊軍大喊著衝了過來，魯軍巋然不動。齊軍快要衝入魯軍陣地的時候，魯軍忽然萬箭齊發，齊軍又大喊著退了回去。齊軍只想早點結束戰鬥回去吃晚飯，於是不斷地擊衝鋒鼓，打了三次衝鋒都沒有能同魯軍正式短兵相接。齊軍將士無奈了，氣憤了，疲倦了；愛得痛了，痛得哭了，哭得累了大腿之上箭箭執著。

曹劌見此情形，對魯莊公耳語道：「時機來了，立刻下令擊鼓，發起反擊。」魯軍將士們早就躍躍欲試地在等鼓聲了，衝鋒鼓一響，他們立刻像脫了韁的野馬一樣向齊軍衝了過去，以迅雷不及掩耳之勢衝垮了齊軍陣地，齊軍大敗。魯莊公見齊軍要跑，喊了一聲：「哪裡跑！」就要帶著部隊乘勝追擊，曹劌連忙拉住了魯莊公。

魯莊公：「又幹嗎？」

曹劌：「稍等片刻。」

說完之後，他就跳下車去，往前走去。

魯莊公：「你知道曹劌他要幹嘛麼？」

副將：「我覺得他應該是要去小便。」

曹劌走了幾步看了看之後又折轉回來，登上車子之後又向遠處眺望了片刻，這才對魯莊公說：「可以追了！」

魯莊公下令追擊，魯軍將士見連齊軍這麼強大的軍隊都被他們打得逃跑了，頓時軍心大振，追上齊軍之後，雙方又進行了一場廝殺，齊軍終被趕出了魯國地界，此戰以魯國大獲全勝而告終。

戰爭結束了，魯莊公請客吃飯。

魯莊公：「這不是在做夢吧，我們竟然大敗齊軍。」

莊公夫人：「要不我掐你一下看看？」

魯莊公：「不要不要，你手勁太大了！我已經相信這是事實了。曹劌你說爲什麼這次我們能夠打勝仗呢？一定是你在戰場上那些奇怪的表現使然。爲什麼要等敵人打三次衝鋒，我要追擊的時候，你下車去走幾步路又是爲什麼？」

曹劌：「其實好簡單的，在第一次衝鋒的時候士氣是最旺盛的，三次衝鋒之後，士氣已經消耗殆盡了，這就是爲什麼我們打衝鋒的時候，我方的士兵那麼猛而齊軍那麼衰的緣故了。您下令要追擊的時候，我下車了一趟，我不是想要小便，也不是下車去活動筋骨，而是查看敵軍的車軲轆印，我發現他們的車軲轆印一片混亂，又見他們的旗子東歪西倒，這才確定他們不是假裝敗退，才敢讓您下令追擊。」

魯莊公：「曹劌！I服了YOU！」

韓冬 Say

起初魯國的軍隊無論從人馬的數量，還是從氣勢上來說顯然都是遜於齊國的。曹劌很好地應用了士氣，沒錯，士氣乃是決定戰場態勢最重要的部分。「一鼓作氣，再而衰，三而竭。」齊軍士氣竭了，而魯軍士氣正旺，衝鋒號一響，如猛虎下山一般，其勢自然銳不可當。

爆笑版實例四

罵人也是一門藝術——

隋義寧元年四月，金城府校尉薛舉和他的兒子薛仁杲起兵反隋，不久之後攻佔隴西、西平、天水等地，基本上佔據了隴西之地。之後的七月，薛舉自稱西秦霸王，改元秦興，兵馬十三萬。

唐武德元年六月，薛舉帶領著兵馬進攻涇州，高祖李淵派李世民同志率領八總管兵前往抵禦。七月，李世民帶兵到達高墌城，一到這裡，李世民就決定採取堅壁不出，等敵人疲勞的戰略。一到這個地方，李世民就開始水土不服拉肚子，怎麼治都治不好，不久之後，李世民終於拉得指揮不動兵馬了。他將指揮權交給了長史劉文靜和司馬殷開山，雖然這兩個的名字一個文靜一個粗獷，但兩個人無一例外的都是粗人，他們不聽別人的勸告，帶著兵就跑到了淺水原去，中了薛舉軍的突襲，唐軍大敗，李世民硬挺著帶著兵馬撤回了長安。薛舉佔領了高墌城。經過一個月的準備，八月桂花開的時候，薛舉派了自己的兒子薛仁杲帶兵圍攻寧州，準備直搗長安，寧州刺史胡演帶兵將薛仁杲擊退。幾天之後薛舉病死了，薛仁貴將兵馬駐紮在折墌城。

李淵聽到薛舉死了，開心得放了鞭炮之後，派了李世民再次進攻薛仁杲。李世民一到城底下就立刻命令部隊安營紮寨，開始做晚飯吃。第二天，薛仁杲就派了他手底下最威猛最厲害的大將宗羅睺前來李世民陣前挑戰。然後薛仁杲自己帶了兵馬悄悄地藏在了樹林子、草叢、路邊破廟等等藏人的地方，企圖在李世民出來迎戰宗羅睺的時候，忽然從旁邊殺出搞定李世民。其實他的陰謀早就被李世民識破了，因為李世民發現那天樹林子裡面的鳥飛出來的特別多，包括最懶最胖的一隻都飛出來給唐軍士兵用彈弓打下來烤了吃了；草叢裡面的蛇也都紛紛跑了出來，就像受了驚嚇一樣，連最懶的那條，八、九月了還在假裝冬眠的蛇都跑了出來，那天他們吃了好多蛇肉，製造了好多李世民牌蛇油膏。這種情況的出現必定是因爲樹林子裡面的草叢裡面進去了人，而且是很多人。李世民很深沈，既不出來揭露薛仁杲的陰謀，也不出來迎戰，只是命令士兵拿著鐵鍬挖溝，他們將壕溝挖得很深，用來防禦宗羅睺的部隊。宗羅睺天天在陣前叫罵，李世民假裝什麼都聽不見，就是不出戰，手下的將領們都來找他。

將領：「請您讓我出戰去活捉宗羅睺回來吧，讓他知道我們唐朝大軍不是好惹的！」

李世民：「秋天來了，我愛秋天，因爲她是收穫的季節，是黃色的季節。」

將領：「難道您沒有聽到宗羅睺罵得有多難聽嘛？他把所有帶殼的頭會縮的動物全部拿出來罵我們了，包括蝸牛！」

李世民：「吸，給你！」

將領：「啊，衛生紙？」

李世民：「拿它塞住耳朵就聽不見宗羅睺的罵聲了，相信我，沒錯的。」

將領：「我是來打仗的，不是來給人罵的，我要出兵，我要出兵！」

李世民：「好啦，快從地上起來別哭了，這麼大的人了還用這樣的方式撒賴。我也想立刻大敗薛仁杲啊，但是現在時機很不成熟。我軍剛剛打過敗仗，當然了這與我拉肚子也有關係，但是不管怎麼樣，我軍的元氣是被大傷了，現在都尚未恢復。薛仁杲打了勝仗非常驕傲，現在鄙視我們也是應該的，雖然如此，薛軍的銳氣也還是很旺盛的。目前我們應該做的是關起城門修身養息，我們養好了，敵人也等累了，那個時候再找機會搞他們。」

將領：「有道理！」

李世民：「所以說打仗並不是你一刀我一槍地幹，而要講究策略，戰略，戰術。」

將領：「我們收到了！」

將領們一人找了兩團衛生紙塞住了自己的耳朵，任憑宗羅睺在外面罵，他們只是在城內養精蓄銳。

宗羅睺是個直性子，他只想著真槍實彈酣暢淋漓地打仗，見唐軍不迎戰，他就天天都到城門上去罵，也不想想為什麼唐軍不出戰，他們在城裡面幹什麼，是在上網聊天呢？還是在修煉九陰白骨爪呢？罵人也是一件不容易的事情，你不能總是重複著那兩三句話罵，這樣罵得久了，別人不煩自己都覺得煩了，對於宗羅睺這樣文化程度不太高的人來說，別說是罵人罵得有藝術性有文化涵養了，即便就是天天變換罵人的話，對他來說都是一件不容易的事情，更何況他這一罵就是六十多天。他都已經罵得沒話罵了，罵得口舌生瘡了。罵人還是個體力活，耗費體力後大家飯量就大了，飯量一大糧食就不夠吃了，就這樣罵了六十多天，軍營裡面的糧食消耗殆盡，官兵們整天處於半饑餓狀態，周末都吃不上一頓飽飯，薛軍士氣大減。李世民這邊養精蓄銳，給官兵們都是好吃好喝的，每當下午的時候他們還會在城牆上支起爐子來燒烤，香氣飄到薛軍那邊，饞得官兵們直吞口水。好多將士終於忍不住了，偷偷地跑到唐軍那邊投了降，李世民一見他們吃東西的樣子，就知道薛軍那邊缺糧得厲害。

李世民看時機已到，計上心頭。他命令行軍總管梁實帶領著五千兵馬，拉了很多裡面裝著磚頭，外面貼著「內有糧食，小心被搶」封條的載糧筐，前往涇水源安營。宗羅睺正餓得前胸貼後背呢，忽然聽聞梁實帶著大批的糧食前來，非常之興奮。立刻帶了軍中的精銳部隊前去打劫。李世民在梁實出來之前就已經吩咐過他了，如果宗羅睺前來打劫，則據險而守，梁實現在正在照辦之中。宗羅睺打劫心切，帶領著將士們不分日夜地輪番進攻，並切斷了梁實軍營的自來水管道。梁實軍營裡面的士兵幾天都喝不上水，喉炎都渴出來了，頓時士氣大減，忙派人突圍出來去向李世民求救。

士兵：「我們撐不住了，梁將軍派我來求救，請求支援！」

李世民：「梁實同志是個好兄弟，他能夠和將士們同甘共苦，而他帶領的士兵個個都是好樣的，勇猛善戰不怕犧牲。我覺得應該還可以再堅持一天。」

「咣噹」一聲，那個前來求援的士兵就倒了下去。

李世民：「兄弟！你怎麼了？」
士兵：「水……水……」
李世民：「給他一瓶礦泉水喝。這幾天以來，薛賊軍隊日夜進攻，料他們已是疲勞之極，不過現在尚不夠疲勞，我要他們疲勞到說一個字都沒有力氣！」

宗羅睺著急著搶糧食，就將所有的軍隊都調集過來攻打梁實。打了幾天幾夜依舊沒有打下來，將士們本就吃不飽，現在休息又不夠，還不分晝夜地幹著攻打這樣消耗體力的活，個個疲倦到想要自殺。李世民命武侯大將軍龐玉帶領了一萬多名騎兵到涇水源以南援救梁實。自己帶兵從涇水源北接應。唐軍經過兩個多月的養精蓄銳，個個精神矍鑠、紅光滿面、鬥志昂揚，而薛軍那邊的士兵走路都東倒西歪的。兩軍一相遇，薛軍立刻全線潰敗下去，兵馬四散逃奔，有的連逃都不逃，直接坐在地上投降，然後去食堂領饅頭。唐軍大獲全勝，獲得了薛軍逃跑中遺失下來的無數馬匹兵器。

韓冬Say

「先爲不可勝，以待敵之可勝」的意思，就是先讓自己處於不敗的地位，找機會幹掉敵人。在此案例中，李世民根據唐軍剛剛打過敗仗的現實情況，決定堅壁不出、養精蓄銳，此乃「先爲不可勝」，還同時消耗敵人的內力，消磨敵軍的銳氣。將雙方的「勢」徹底地扭轉了過來，最後一擊即勝，真是英明啊英明。

兵勢篇

我們的兵馬是有限的，應該將有限的兵馬投入到無限的變幻莫測之中去。只知道和敵人約好時間排好隊拚命的人是很難取勝的，打仗講究的是一個「奇」字。

我方佔據了優勝的態勢之後，就要迅速而猛烈地打擊敵人。以熊的力量，豹的速度，滅絕人性地、慘絕人寰地襲擊敵人。

用一些方法引誘敵人，挑逗敵人，讓他們意亂情迷到不知道什麼是真實情況，而後奇兵天降，先讓他吃一大驚，然後搞定他。

原文

孫子曰：凡治眾如治寡，分數是也；鬥眾如鬥寡，形名是也；三軍之眾，可使必受敵而無敗者，奇正是也；兵之所加，如以碫投卵者，虛實是也。

凡戰者，以正合，以奇勝。故善出奇者，無窮如天地，不竭如江河。終而複始，日月是也；死而更生，四時是也。聲不過五，五聲之變，不可勝聽也；色不過五，五色之變，不可勝觀也；味不過五，五味之變，不可勝嘗也；戰勢不過奇正，奇正之變，不可勝窮也。奇正相生，如循環之無端，孰能窮之？

激水之疾，至於漂石者，勢也；鷙鳥之疾，至於毀折者，節也。是故善戰者，其勢險，其節短。勢如彍弩，節如發機。

紛紛紜紜，鬥亂而不可亂也；渾渾沌沌，形圓而不可敗也。亂生於治，怯生於勇，弱生於強。治亂，數也；勇怯，勢也；強弱，形也。故善動敵者，形之，敵必從之；予之，敵必取之。以利動之，以卒待之。

故善戰者，求之於勢，不責於人，故能擇人而任勢。任勢者，其戰人也，如轉木石。木石之性，安則靜，危則動，方則止，圓則行。故善戰人之勢，如轉圓石於千仞之山者，勢也。

另類譯文

孫子教導我們說：當大軍區司令能像當班長那樣，把手下的人管理得井井有條而自己還不費勁，並不是因爲未成年人比成年人更聽話，而是因爲部隊編制嚴密的緣故。指揮幾萬人打仗能像指揮三四個人去群毆那樣有條不紊，並不是因爲這幾萬人都是同一個人的複製人而行動一樣，而是因爲我們有自己的彩旗、口哨、暗號、手語等指揮和聯絡通訊工具，雖然在我們這個年代通訊基本靠喊，但只要我們嗓門夠大，能夠喊得與眾不同，還是可以用來指揮部隊的。統領三軍部隊和敵人打仗而能立於不敗之地的，並不是因爲如來佛幫我們，而是因爲我們了解奇和正的辯證關係並可靈活應用的緣故。我們打起敵人來就像石頭碰雞蛋那樣容易，像菜刀拍黃瓜那樣開心，並不是因爲敵人是雞蛋或者黃瓜，而是因爲我們運用了著名的避實擊虛的原理。

善於打仗的人，都是正面和敵人交鋒，然後用讓敵人意料不到的奇兵取得勝利。善於出奇制勝的人，是不一般的人，他們就像天地那樣變化無窮，一會兒排成人字，一會兒排成一字；就像江河那樣奔流不息、連綿不絕。忽然能看見，忽然又看不見了，就像太陽和月亮的運行一樣，不！他們比太陽和月亮更加聰明，太陽和月亮的運行還有規矩，而他們完全沒有。來是come，去是go，就像春夏秋冬的更替一樣，但是他們比春夏秋冬更加調皮，你完全沒辦法預料他們什麼時候come，什麼時候。音階不過五個，宮、商、角、徵、羽，後人把它變成了七個，用這些音階的組合卻是怎麼聽也聽不完的。色素不過也就五種，但是經過調和變幻之後的顏色卻是怎麼看也看不完的，除非你戴上墨鏡。味道不過五種，和在一起做出來的味道卻也是千變萬化的。漢字不過九萬多個，通過組合重複，卻有人可以寫出幾十萬字的書來騙稿費。戰術也不外奇和正兩種，它們的變化卻也是無窮無盡的。奇和正的變化就像一個圓一樣沒頭沒尾，無始無終，誰能找到它的盡頭呢。這是這一篇裡面最有哲理的一句話了，請大家抄到筆記本上。

湍急的水流能沖走石頭和相撲運動員，這是因爲水勢迅猛；猛禽能一把抓住雀鳥還把牠捏成殘疾鳥，這是因爲時機掌握得好，力氣夠大的緣故。善於作戰的人，總會將作戰的態勢積累到險峻爲止，不攻則已，一攻必勝。那時的態勢就像拉到快要斷的弓箭那樣有力量，而時機的選擇也正好在拉到最滿的時候，而不是沒拉開的時候，也不是拉到累得受不了又還原回去的時候。

因爲大家都喜歡用旗子來做標誌和鼓舞人，戰場上就難免有很多各種各樣的旗子；大家打仗一般都用人和馬，戰場上就難免有很多人和馬。這些個東西亂作一團的時候，必須要保證我方人員不能亂，隊伍散了就不好帶了。士兵像螞蟻一樣潮湧，到處都是煙火師放出來的煙火的時候，我方必須要保證陣形方能立於不敗之地。如果我們的隊伍向來有組織有紀律，我們可以派一部分士兵亂跑亂撞同時還要啊啊地叫，以誘惑敵人。如果我們的將士素來不怕死，上刀山下油鍋都爭著搶著來的話，我們就假裝看到敵人害怕發抖來迷惑敵人。我們向來能打，就假裝走路都得扶著牆那樣脆弱。部隊的整齊和混亂，是編制和指揮決定的；勇敢還是害怕，是由目前的態勢決定的，如果一看就知道能取勝，誰還不會哭著喊著往前衝啊；強大和弱小，是由實力的對比決定的。

善於牽著敵人走的人，會向敵軍展示一種虛假的抑或是真實的軍情，敵人必然以爲自己很聰明而順著來；給敵軍幾車柴火，幾隻小綿羊，一個白骨精，敵人必定會貪圖而來取，等著他們的是埋伏在左右四周的猛將兄。善於作戰的人講究的是一種對態勢的控制，而不會一味地埋怨部下只知道吃飯不會打仗。所以，最重要的就是要能選用合適的指揮員，利用有利的態勢。

能夠抓住有利態勢的人，他們指揮部隊就像玩木頭和石頭一樣，不是說像魯班那樣玩木頭，像女媧那樣玩石頭。而是說他們能善加利用木頭和石頭的特性。木頭和石頭有什麼共同點嗎？牛和馬有什麼共同點嗎？牛和馬的共同點就是牠們都會動，而木頭和石頭的共同點就是把它們放在平地上它們就不動，放在斜坡上它們就會滾動，除非你找來的是一塊立方體狀的石頭。所以說，善於指揮作戰的人會造成這樣一種態勢：就像將一塊巨大的圓形石頭放在八百丈高的山坡上那樣飛滾而下，這種力量是不可阻擋的。這就是我們要在這一篇裡面敘述的「勢」——所有的有利因素集合在一起，並適時應用而表現出來的必勝趨勢。

美女不在東大街上

爆笑版實例一

王莽東搞西搞，搞出來一個「新」朝。之後進行了一系列的變革，變得國內就像那解不開的一團麻，後被起義軍殺害。王莽死後，國內形勢就像一盤散沙，雖然立了一個皇帝，但是他根本就沒辦法控制全國局面，將領們基本上都當他是假的。

耿弇雖然成長發育在混亂的年代，他的頭腦還是比較清楚的，看劉邦的九世孫劉秀比較有發展前途，就騎著馬不分晝夜地奔跑前去盧奴投奔了劉秀。在劉秀手下他南征北戰，立下了不少的戰功。劉秀即位之後，任命他爲建威大將軍。耿弇有一個特點，就是說得到，做得到。雖然他說的時候往往口氣很大，讓人認爲那是不可能的任務，可是每次他都能按時完成任務，凱旋而歸，所以當他提出要再次北上，調集上谷的剩餘兵力，到漁陽平定彭寵，到涿郡滅張豐，然後回師順便收降富平、獲索等農民軍，接著向東去攻打張步平定齊地的時候，光武帝劉秀雖然在心裡面想：「哇，這麼複雜的任務說都要說一陣子了，別說完成了，等完成的時候，是不是都已經老得走不動了……」雖然他這麼想了一下，最後還是答應了耿弇的請求。

耿弇騎著大馬帶著人去平定張步了，他將兵馬駐紮在西安和臨淄之間。當時守護西安的是張步的弟弟張藍，他帶著的兵馬有兩萬，而防守臨淄的軍隊則有一萬多人，另外一個狀況是西安城小，臨淄城大。去兩個城的路程都差不多遠近，在這種情況之下，應該攻打哪座城池先呢？

耿弇手下的部將荀梁建議先攻打西安，他說：「西安好，如果拿下西安，我們可以先去鐘樓附近的小吃街吃羊肉泡饃和賈三包子等美食，吃飽喝足之後，可以去東大街蹲在街上看美女，你說多好啊！臨淄呢？什麼都沒有。而且如果我們先攻打臨淄的話，張藍肯定會從西安帶兵出來去救援的，我們就被前後夾擊了，這個很要命的！」

耿弇則對此提出了不同的意見：「首先，我們出來是來打仗的，不是來吃喝玩樂和看美女的，西安東大街上有很多美女麼？等我們打了勝仗之後，我帶你去成都和重慶看。另外，張藍會不會派兵增援取決於我們會不會調動他出來增援。西安城雖然很小，但是城牆很堅固，同時還有那麼多兵馬防守著，一時半會兒是很難攻打下來的，即便我們攻打下來了，也是要付出重大傷亡的，而且西安城的賊多，張藍肯定會逃跑的，這樣對我們也很不利。臨淄城大，但是兵少，等我們拿下臨淄之後，西安城就孤立無援了，鐵定拿下。」

部將們紛紛覺得耿弇說得有道理，不應該這麼著急地想著吃喝玩樂。統一大家的思想之後，耿弇就開始積極準備攻取臨淄事宜。在準備的同時，他派了很多人出去到馬路邊、茶館、妓院、圍觀處、人才市場等人口密集的地方，透過聊天、大聲耳語、議論紛紛等方式將「五天後耿弇軍要攻打西安」這個假消息散佈出去。張藍聽到這個消息之後，絲毫沒有懷疑，立刻開始調兵遣將不分晝夜地加強西安的防護，臨淄那邊也放鬆了警惕。第四天的時候，耿弇忽然率領著大軍在凌晨時分出現在臨淄城下。臨淄守將早晨起床在城牆上跑步的時候，就看到了城下黑壓壓的軍隊，再定睛一看，竟然是耿弇的部隊。於是他雙手合成喇叭狀放在嘴巴上大聲喊道：「你們走錯啦，西安在相反的方向……向……向……」

耿弇也喊道：「沒錯兒，打的就是你……你……你……」

那守將一下就慌了，連忙回家去換戰袍，不過他跑步時穿的運動鞋沒有換，他認爲這個有利於打不過的時候逃跑。他的衣服剛剛換好，耿弇的部隊就衝進了城來，雖然他穿的是運動鞋，但是依舊沒能跑掉。他留下的最後一句話是：「要說這運動鞋啊，還得買名牌的！」張藍見臨淄城已被攻打下來，怕自己孤城難守，還沒等耿弇來攻打，就帶著部隊逃跑去投奔張步了，一座非常堅固而且裡面有很多好吃好看的西安城就這樣給了耿弇。

張藍跑到他哥哥張步處之後，大哭了一場說耿弇欺騙他，還想要追著打他。張步很生氣，於是帶著自己所有的兵馬總共二十萬大軍前去和耿弇拚命。耿弇兵馬少，明白硬拚是拚不過張步的，於是想了一個避實擊虛的辦法。他先讓主力部隊隱蔽在臨淄城後面，並吩咐他們要像玩捉迷藏那樣藏好，藏得讓張步看不見，然後又讓手下的兩個將領帶著些兵馬在臨淄城下擺個陣勢並且顯得很強勢的樣子。耿弇安排好這些之後，親自帶著兵馬出城去引誘張步，張步倚仗著自己兵馬多，衝上去就打，又想起弟弟張藍那淒涼的淚眼，恨不得將耿弇生吞活剝了。耿弇邊戰邊走，口中還喊著：「你抓不到我，你抓不到我。」張步聽此更加著急，跟著耿弇就跑到了臨淄城下，城下擺陣勢的那兩個大將帶著兵馬就衝了上去，和張步糾纏在了一起，你是風兒我是沙一樣地糾纏。耿弇帶著躲在城後的主力大軍忽然從兩側猛攻起來，張步的部隊亂作一團，慌忙鳴金收兵回家，這一下部隊就損失了大半。

張步帶著垂頭喪氣的將士們準備撤回老窩劇縣。耿弇事先已經猜到了張步可能採取的行動，並派人進一步確實了張步是要回劇縣了，就在路上設了埋伏。張步像一隻受了傷的小鳥一樣，只想著回家，根本就沒有做被埋伏的準備，也沒有注意周圍的環境，就這樣一頭鑽進了耿弇的埋伏圈，耿弇一聲令下，將士們從路邊衝將出來。張步喊了一聲：「啊，又來！」之後就開始逃跑了，他手下的將士們也都跟著逃跑起來，耿弇一路追到了劇縣，拿下了劇縣，張步又踏上了逃跑的征程，終於還是被耿弇在平壽給追上了，張步投降，膠東地區從此平定了。

韓冬 Say

戰神不愧爲戰神。先是虛實結合，使「兵之所加，如以碬投卵」；接著奇正相間，使「三軍之眾，可使必受敵而無敗」，最終將張步逼得投降。怪不得他被評爲「雲台二十八將」之一。

爆笑版實例二

不是暗器，是大板瓜子——

愛新覺羅・努爾哈赤於一五五九年出生在建州一個奴隸主的家庭裡面。明萬曆十一年，他的祖父和老爸被明軍殺害，二十五歲的努爾哈赤立志爲祖父和老爸報仇，以先人留下來的十三副遺甲起兵，開始打仗，這一打就是一輩子。剛開始的時候，努爾哈赤鑒於自己勢單力薄，非但沒有和明朝廷直接作對而且還假裝臣服於朝廷，爲朝廷進貢，爲朝廷保衛邊疆，甚至被授予龍虎將軍的榮譽稱號。其實他是在統一女真部落壯大自己的力量，經過三十年的努力，他先後統一了建州女真、海西女真、東海女真、野人女真，並且形成了軍政合一的制度，他的力量終於強大起來了。在他五十八歲那年，他在赫圖阿拉城建立了自己的政權——大金。

一六一八年，努爾哈赤宣佈了「七大恨」之後，正式起兵反明，這「七大恨」是：1. 明朝無故殺害努爾哈赤父、祖；2. 明朝偏袒葉赫、哈達，欺壓建州；3. 明朝違反雙方劃定的範圍，強令努爾哈赤抵償所殺越境人命；4. 明朝派兵保衛葉赫，抗拒建州；5. 葉赫由於得明朝的支持，背棄盟誓，將其「老女」轉嫁蒙古；6. 明當局逼迫努爾哈赤退出已墾種之柴河、三岔、撫安之地，不許收穫莊稼；7. 明朝遼東當局派遣守備尙伯芝赴建州，作威作福。

因爲努爾哈赤的戰鬥指數很高，加上大金官兵同仇敵愾，只打了八九年光景，明朝在遼東遼西的閒人免進的軍事重地就落入大金之手，這其中尤爲重要的就是薩爾滸之戰，這一戰使得明朝和大金之間的力量、態勢發生了根本性的變化。後面我們要講的就是這一場戰爭。

話說明神宗眼看著自己的地盤被努爾哈赤一口一口地吃掉，心中無比的心疼，啓用楊鎬負責遼東的防務，並開始準備出兵攻打大金。可是軍費不夠，他急忙追加了軍餉，又從全國各地抽調了兵力增援遼東，接著發了加急文書通知朝鮮和葉赫出兵支持。就這樣準備了大半年，援軍雖然到了東北，可是軍糧和軍餉卻沒有準備好，不發工資伙食待遇還又差，好多士兵受不了就逃跑了，有的去大興安嶺當獵戶去了，有的偷渡出國去了。明神宗擔心再這樣下去，士兵都跑光了，就不斷地催促楊鎬趕緊出兵進攻。

明神宗：「喂，小楊啊，趕緊出兵吧！再晚了兵都沒了。」

楊鎬：「我也想一口吃掉努爾哈赤啊！我的好老大，可是不行啊，都還沒有準備好！待遇太差了，官兵們很有意見吶，公務員的工資年年長，卻不給他們長工資，都不想幹了啊！軍心渙散沒法打仗吶。」

明神宗：「不出兵，就待著，那麼多兵馬也得吃飯和吃草啊，讓大家再發揚一下艱苦奮鬥，無私奉獻的精神吧！」

楊鎬：「和家人分別跑到這麼冷的大東北來，本身就已經很不容易了，福利還這麼差，薪水又這麼低，是人都會有意見的。這可不是我說的，是大家說的。」

明神宗：「好啦，小楊，不要一味地抱怨了。跑剩下的那些兵馬帶上去打，我相信你，沒錯的！好啦，我去開會了，掛了啊！」

就這樣，楊鎬打響了戰爭，他的作戰方針是：以大金的首都赫圖阿拉爲目標，兵分四路攻擊，一舉摧毀大金。總兵馬林，出開原，經三岔兒堡，入渾河上游，從北面進攻；總兵杜松擔任主攻手，從瀋陽出撫順關進入蘇子河谷，從西面進攻；總兵李如柏，由西南邊進攻；總兵劉綎會合朝鮮軍，經寬甸沿董家江北上，從南邊進攻。他的這些安排被努爾哈赤的探子默記在心中，探子使出凌波微步飛奔回大金營中向努爾哈赤報告了上述情況。努爾哈赤研究了軍事地圖之後說：「四面圍攻？好像很嚇人啊！」

部將道：「看來他們是鐵了心地要把我們往死裡弄。我們也兵分四路前去迎擊吧！」

努爾哈赤道：「兵分四路？我們才有多少兵馬，雖然上文說我們力量壯大了，但是還是不能和明軍相比啊。總兵馬除以四還有多少了，不被人群毆才怪。他們的南北兩路兵馬是不足爲懼了，我決定集中兵力，一路一路地消滅他們。」

部將道：「爲什麼他們南北兩路兵馬不足爲懼呢？是因爲風水不好嗎？」

努爾哈赤道：「你看看地圖，他們南北兩路軍隊的行軍路上又是河又是山的，也就是說他們需要一會兒游泳一會兒爬山，這樣肯定走得慢了，只要我們動作利索，等他們趕來的時候，另外的兩路已經被我們滅了。哈哈哈，大笑三聲，出發！」

努爾哈赤派了五百個人馬去阻礙劉綎部隊的行軍，這五百將士雖然人少，但是他們用挖陷阱，裝神弄鬼，殺人放火等方式有效地阻礙了劉綎部隊的行進。努爾哈赤自己帶領了十萬人馬前去迎擊西路軍。西路軍總兵杜松是明朝的猛將，非常勇敢，曾獲得「全國十大勇猛青年」、「猛人」、「勇敢先生」等稱號，可惜的就是有勇無謀，而且因爲從小被別人誇他勇猛，他的潛意識裡面已經將自己當成了超人。他帶著兵馬長驅直入，到薩爾滸谷口之後兵分兩路：一路在薩爾滸山下紮營觀看他帶領兵馬進攻吉林崖，並要求他們要不時地爆發出熱烈的掌聲，同時口中呼喊「杜松超人，杜松真棒！」他給這一路人馬一人發了一大把大板瓜子供他們觀看的時候享用；另一路由他帶著進攻吉林崖，以便搶佔地勢上的至高點。雖然杜松將自己當成了超人，但實際上他並不是超人，他既沒有內褲外穿也不會飛，所以要打吉林崖還是得用跑的往上攻打。偏偏吉林崖地勢險峻，易守難攻，杜松久攻不下。努爾哈赤帶著部隊抵達薩爾滸了，看杜松在攻打吉林崖，而下面駐紮著他的部隊在觀看，便決定先滅了杜松營部裡面的部隊，再收拾爬在半山腰上的杜松。他率眾殺進杜松營部的時候，杜松營部的官兵們還在觀看，看敵人來了，他們慌忙起身迎戰，慌亂之下將手中的大板瓜子拋向大金軍，大金軍官兵看一片東西向自己飛將過來，以爲是什麼厲害的暗器，細一看原來只是瓜子，不禁大吃一驚。杜松部隊的重型裝備尚未到達，部隊只能依靠幾輛車擺成的車陣來迎戰，沒有打幾下就被努爾哈赤部隊全部殲滅了。接著努爾哈赤率眾攻打杜松率領的部隊，山上的大金部隊也開始反擊。杜松腹背受敵寡不敵眾，全軍覆沒，「超人」杜松也掛了。

接著到來的是馬林率領的部隊。得知西路軍已全軍覆沒，馬林就地紮營不敢前進。他雖然做了很多保護自己的工作，但還是頂不住努爾哈赤的猛烈攻擊終於大敗，馬林丟下還在負隅抵抗的官兵，自己逃遁而去。劉綎的路最難走，而且走的都是荒無人煙的地方，一路上連個報刊亭都沒有，他也不知道杜松和馬林的軍隊已經被殲滅了。還是按照原定的計劃往赫圖阿拉行進，努爾哈赤滅了杜松和馬林之後就專門等他了，都等著急了。這天終於有探子來報劉綎的部隊出現了。努爾哈赤挑了幾個普通話說得比較好的士兵假裝成明軍士兵前去引誘劉綎。

大金士兵：「我們是杜總兵派來給劉總兵送信的，他已經逼近赫圖阿拉了，請劉總兵火速前進。」

劉綎：「怎麼證明你們是杜總兵的人啊？」

大金士兵：「我們穿的是明軍的衣服，扛的是明軍的旗子，這還不夠麼？劉總兵快點吧，杜總兵快撐不住啦！」

劉綎：「衣服怎麼能算呢？我也可以穿上件白紗衣服說我是仙女吶，還有沒有別的信物。」

大金士兵：「Look！這個總可以證明了吧！」

劉綎：「嗯，這還差不多，也只有杜總兵喜歡穿這樣子的米老鼠內衣啦，走，火速前進！」

於是劉綎下令部隊扔下糧草和重型武器火速前進，跑到阿布達里崗的時候就跑進了埋伏圈，被努爾哈赤的部隊全殲。劉綎縱有萬夫不擋之勇，能把一百二十斤沈的大刀跟耍雙節棍一樣地耍，卻也無力回天，最後戰死殺場。

在瀋陽總部當總指揮的楊鎬得知三路大軍有去無回，慌忙命令李如柏的部隊撤回。李如柏的部隊在撤回的路上又被金軍的鼓聲和叫喊聲嚇了一跳，胡奔亂跑，互相踩踏死傷一千餘人。這算是此次行動裡面最沒出息的一支了。

薩爾滸之戰，歷時僅有五天，明軍損失部隊約五萬人，大金損失約二千餘人。此一役努爾哈赤奪取了遼東戰場的主動權，而明朝部隊從此只能採取守勢。

韓冬Say

縱觀整個薩爾滸之戰，努爾哈赤處處掌握主動權，而明軍到處被動挨打。究其原因在於努爾哈赤正確地估計了戰場局勢，並且消息靈通，最重要的就是他採取了以集滅散的正確戰術，而明軍準備不足，對努爾哈赤部隊的作戰能力也估計不足，戰略戰術應用混亂，最終走向失敗。

爆笑版實例三

前方施工，請繞道而行

李自成是明末農民起義軍領袖，字鴻基。於萬曆三十四年生於陝西延安府米脂縣。童年時代為地主放羊，天啓六年從軍。他沒有讀過多少書，但在他帶軍作戰的十幾年中他重視從嚴治軍；密切軍民關係；善於把握戰場主動權，能夠以靈活的戰法出奇制勝，朱仙鎮一役便是很好的例證。

開封是河南首府，闖王李自成兩次攻打開封都沒有成功，而且被陳永福射了左眼，當他用一隻眼睛看世界的時候，他發現整個世界都不那麼實在了，他攻打開封也不應該那麼實在地就靠打衝鋒，撞城門這些慣用手法了。西元一六四二年，他率領了十萬大軍包圍了開封。老大崇禎連忙調集了左良玉、丁啓睿、楊文岳等厲害的角色帶了四十萬兵馬去解救開封。早有探子來報告了明軍的行動，李自成立刻搶先佔領了開封的門戶朱仙鎮，在戰場上掌握了主動權。古人不喝礦泉水，後勤保障裡面也不會有拉著礦泉水的牛車，一般都是碰見井就喝井水，碰見河就喝河水，那時候的河裡面也不會有那麼多的塑膠袋、易拉罐、無頭女屍、對人體有害的礦物質等東西。明軍一路的水源就是一條名叫沙河的河水，李自成研究了地圖之後就通過截斷、疏導的方法讓沙河斷了水，如此便斷了明軍的水源。他又在西南方向的道路上挖了很寬很深的大溝，這條百餘里長的大溝截斷了明軍逃去襄陽的路。

三名大將加上四十萬的人馬駐紮在朱仙鎮外面，也是一道非常壯觀的景色、非常強壯的力量了。可是三路人馬都各自打著自己的小算盤，都怕承擔首戰失利的責任，都想著等別人打得差不多的時候自己衝上去搶功勞。

左良玉道：「老丁你先上吧！昨晚出門的時候我踩到了刺，腳疼得不得了，行動非常不方便。」

丁啓睿道：「誰說不是呢？年歲一大什麼毛病都來了，就因爲昨晚被子沒蓋好，今天一早起來就開始拉肚子，哎喲，又得去了，一會回來……」

楊文岳道：「左兄別這樣看著我，我也不行的，早上吃飯咬到了舌頭，你看現在還在流血呢！」

須臾之後，丁啓睿回來了，一進門便說：「怎麼樣了？你們決定好了吧，決定好了就出發吧，我墊後並且給你們加油，誰先上？」

左良玉道：「要不就手心手背，或者剪刀石頭布，實在不行的話就抓鬮。」

丁啓睿又站了起來往外跑，邊跑邊說：「哎喲，不行了，我又得去了，你們先商量。」

丁啓睿出門之後，左良玉和楊文岳相視一笑，顯然是有了主意。這次丁啓睿去了許久才回來。

丁啓睿道：「哎喲，真是太過分了，拉得我肝腸寸斷的，你們兩個誰先上啊？」

左良玉道：「剛剛我們經過慎重地討論，決定用抓鬮這種非常公平公正的方法來決定，最後我們兩個都抓的是『後』，還有一個沒有抓，你來抓起來看看上面寫的是什麼字吧！」

丁啓睿大怒道：「最後一個還用抓麼？沒想到我平常把你們當兄弟，你們兩個卻這樣陰我。」

楊文岳道：「丁兄，我們沒有耍賴，真的就是這樣子的，看來這是上天安排的，您就不要再推辭了。我們會好好支援你的！」

丁啓睿道：「要不這樣吧，我們派人去通知城裡面的人馬出城攻擊李自成，然後我們從後面合擊，如此一來一定可以取勝了。」

丁啓睿和楊文岳齊道：「好主意！」

使者遁去開封城，跟開封城的守軍講了三位將軍的意思。那守軍卻道：「開城門？整座城就靠這城門管著，萬一門一開李自成闖了進來怎麼辦？他可是外號『闖王』的，最擅長的就是闖城門了。不行不行，城門是絕對不能開的。」

城門不開，又沒有人願意先進攻，打麻將又是三缺一，他們三個人就那樣和李自成互相觀望著。因爲李自成斷了他們的水源，漸漸地他們就撐不住了，左良玉首先帶著自己的部隊往南開始撤退，丁啓睿、楊文岳見狀也開始撤離朱仙鎮。

左良玉率領的正是明軍之中最爲精銳的十萬多兵馬，而他選擇的撤退路線正好就是跑去襄陽。他不知道前面有壕溝，李自成也沒有在路上豎一個「前方施工，請繞道而行」的標誌，左良玉就帶著人馬往前一路狂奔。李自成的手下都請求要帶兵出擊，去追著打左良玉，李自成卻說：「左良玉不但勇猛而且也有些計謀。我們這樣追上去說不上就會中了他的埋伏，即便他不設埋伏也會拚命死戰，我軍必然傷亡，這樣一來，一方面可以讓他覺得我軍軟弱；另一方面可以讓他放開了跑，等他跑累了我們再衝上去打。我的這段話裡面包含了《Q版三十六計》的哪些計謀和《爆笑版孫子兵法》的哪些思想呢？請回答！」

一個聲音傳過來：「至少有《Q版三十六計》中的『以逸待勞』、『欲擒故縱』之計和《爆笑版孫子兵法》中的『示敵以弱』、『知己知彼』等思想。回答完畢！」

李自成道：「回答正確。咦，又是誰啊？作者？好了，總之我們不應該去追，只需要好好看著他們，等合適的時機再行出擊即可。」

左良玉跑了好一陣子都不見農民軍前來追擊，真當是農民軍怕他了。便邊唱著歌兒邊向襄陽城疾進。終於跑到了李自成挖好的那條壕溝跟前了，忽然前邊的人一個急剎車，大家本來就跑得很辛苦，心裡面都想著別的事情，根本就沒注意前面的人和馬，前面的一急剎車，後面的人就撞了上去，再後面的人跟著撞了上去。所謂的連環車禍就是這樣發生的。左良玉的人馬亂作一團。李自成忽然率兵殺將出去。明軍官兵本就跑得人困馬乏，現在又被人擠來擠去愈發心煩，李自成的部隊又衝出來要打仗，他們就更煩了，一點鬥志都沒有，只顧著爬過壕溝去逃命，農民軍一陣爽快地砍殺，明軍死傷無數。左良玉終於踩著自己手下士兵的屍體爬過壕溝去，帶著剩餘部隊就往前奔，卻又被事先埋伏在前面的農民軍一陣截殺。左良玉手底下的十萬精銳部隊全軍覆沒，左良玉僥倖逃入襄陽城內。

之後，李自成乘勝追殲了丁啓睿和楊文岳部的明軍。追擊的過程中撿了一把寶劍一個金印，都道是倚天劍，經過鑒定之後才知道是皇上賜給的尙方寶劍。經過此戰，闖王李自成率領的農民軍聲威大振。

韓冬 Say

明軍之所以失敗，很大的原因在於派去的將領們態度不端正，沒有責任感，當然也不能視而不見此案例中的男主角——闖王李自成對於戰爭清醒的認識和精明的把握。戰爭前他斷了明軍水源，給明軍挖好了陰溝，搶佔了朱仙鎭掌握了主動權。戰爭中他能夠審時度勢，正確估計戰場局勢並適時出奇兵，對於《三十六計》和《孫子兵法》的應用可謂爐火純青。

虛實篇

得讓敵人疲於奔命。想讓牛走來走去，你可以用老牛最愛吃的嫩草來吸引它，也可以用鞭子來驅趕它，還有人在牛尾巴上掛上鞭炮來嚇唬它。同樣的，要讓敵人舟車勞頓也可以用引誘、驅趕、調動等方法。

無論什麼時候我們都應該清楚地了解到敵方的人馬情況、思想狀況以及戰鬥會在哪裡打響。而不能讓敵人了解到我們這些東西，這就需要我方虛實結合，讓敵人摸不到頭腦。使得一切盡在掌握——我方的手來掌握。

原文

孫子曰：凡先處戰地而待敵者佚，後處戰地而趨戰者勞。故善戰者，致人而不致於人。能使敵人自至者，利之也；能使敵人不得至者，害之也。故敵佚能勞之，飽能饑之，安能動之。

出其所必趨，趨其所不意。行千里而不勞者，行於無人之地也；攻而必取者，攻其所不守也。守而必固者，守其所不攻也。故善攻者，敵不知其所守；善守者，敵不知其所攻。微乎微乎，至於無形；神乎神乎，至於無聲，故能為敵之司命。

進而不可御者，沖其虛也；退而不可追者，速而不可及也。故我欲戰，敵雖高壘深溝，不得不與我戰者，攻其所必救也；我不欲戰，畫地而守之，敵不得與我戰者，乖其所之也。

故形人而我無形，則我專而敵分；我專為一，敵分為十，是以十攻其一也，則我眾而敵寡；能以眾擊寡者，則吾之所與戰者約矣。吾所與戰之地不可知，不可知，則敵所備者多，敵所備者多，則吾所與戰者寡矣。故備前則後寡，備後則前寡；備左則右寡，備右則左寡；無所不備，則無所不寡。寡者，備人者也；眾者，使人備己者也。

故知戰之地，知戰之日，則可千里而會戰；不知戰地，不知戰日，則左不能救右，右不能救左，前不能救後，後不能救前，而況遠者數十里，近者數里乎？以吾度之，越人之兵雖多，亦奚益於勝敗哉？故曰：勝可為也。敵雖眾，可使無鬥。

故策之而知得失之計，作之而知動靜之理，形之而知死生之地，角之而知有餘不足之處。故形兵之極，至於無形；無形，則深間不能窺，智者不能謀。因形而錯勝於眾，眾不能知；人皆知我所以勝之形，而莫知吾所以制勝之形。故其戰勝不復，而應形於無窮。

夫兵形象水，水之行，避高而趨下；兵之形，避實而擊虛。水因地而制流，兵因敵而制勝。故兵無常勢，水無常形，能因敵變化而取勝者，謂之神。故五行無常勝，四時無常位，日有短長，月有死生。

另類譯文

孫子教導我們說：但凡先到戰場上的一方總是精力充沛，紅光滿面。只要你到地方後不會閑來無事舉辦全軍馬拉松比賽，而後到達戰場的剛剛跑了幾十個夜晚的路還沒來得及洗洗身上的風塵就匆忙地投入戰場的則會軟弱無力，渾身乏困就像吃了十香軟筋散一樣。所以說，善於打仗的人總會是調動敵人跑來跑去，而不會讓自己被敵人搞來搞去。我們能調動敵人讓他們自己跑來我們已經佈置了陷阱、埋了地雷的戰場上，並不是因爲我們發功干擾了敵人的腦電波，而是用利益，用他們喜歡的想得到的東西來勾引他們；能讓敵人比我們晚來到戰場，是因爲我們在他們必經之路上面撒了圖釘，設了路障，擋了他們的路扎了他們的腳，等他們搬開路障拔掉釘在鞋底的圖釘時，我們已經到戰場了。

敵人如果很安逸、很空閒，我們就想辦法讓他們忙起來、累起來，比如派一個特別能跑的美女去敵軍營房門口說：「來追我啊，來追我啊，追上我就給你親一下」，就像通常電視裡面演的那樣，不過派去的這個美女不能像電視劇裡的女主角那樣故意裝作跑不動；敵人如果有很多糧草，我們就想法子讓他們沒有，比如放火或者買通豬八戒去敵軍那邊當兵；如果敵人固守著城池不動，我們就想辦法引他們動，讓他們出來，比如去攻擊他的老家讓他出來救或者拉著幾卡車金子讓他們出來搶。

要攻擊就攻擊敵人沒辦法跑去救援的地方，當然也不能只要敵人沒辦法救援的地方你就去攻擊，攻擊也要有價值，對敵人能造成打擊，攻擊火星敵人就沒辦法跑去救援，但這樣就沒有意義了。我們搞突然襲擊也要襲擊敵人意料不到的地方，這樣才不至於陷入敵人的埋伏圈。我們走四方，但是一點都不累，那不是因爲我們是坐著火車走的，而是因爲我們走的是一條敵人想不到的路，他們撒的圖釘、設的路障都在別的路上呢，因此我們可以邊唱歌、邊聊天、邊看韓冬的深刻而又搞笑的書邊走，這樣當然不累啦。

我們一進攻就如猛虎下山，是因爲我們進攻的是敵人沒辦法防守的地方；我們一防守就固若金湯，是因爲我們防守的正是敵人不方便進攻的地方。所以善於進攻的人能夠做到讓敵人不知道應該在哪邊防守，應該用盾牌還是用鎖防守。善於防守的人能做到讓敵人不知道應該從哪裡進攻，應該撞門還是放箭來進攻。啊，好深奧啊，好精妙啊，竟然連一點點形跡都看不到，就像沒人來過一樣。哇，好神奇啊，好荒誕啊，竟然連一點點消息都不會透漏出去，就像什麼事情都沒發生過一樣。我們就成爲了敵人命運的主宰。我們是如來佛，敵人就是孫悟空，我們是諸葛亮，敵人就是孟獲……一切盡在我們掌握，耶！

我們進攻而讓敵人頂不住的，是因爲我們專揀他們人少兵衰的地方打；我們撤退而讓敵人沒辦法追到的，是因爲我們個個都能閃得快，讓他們追也追不上。所以我們歇好了、空閒了、有時間打仗了、想打仗了，即便敵人守著再堅固的城池，防守再嚴密，他也不得不出來和我們打，這不是因爲這是一場軍事演習，而是因爲我們攻擊了敵人不得不救援的地方；我們不想打仗想歇息了，即便我們就只是在地上放個呼啦圈待在裡頭，連籬笆牆都不花錢紮一個，敵人也不能來進攻我們，因爲我們歇著的地方不合敵人進攻的方向，敵人沒法上路。

所以說，應該弄清楚敵人兵力的虛實情況而不暴露我軍的虛實情況，這樣一來，我們的兵力可以集中，而敵軍的兵力就不得不分散。我們將兵力集中在一個地方，而敵人的兵力分散在各個地方，我們就可以用十倍的兵力打他們一處，十個人圍著一個人砍，場面何其壯觀啊！但是在這之前，一定要探明白敵人的總兵力不會是我們的十倍還多。這樣一來，我們十個打一個，就造成了敵寡我眾的局勢，只要敵軍不都是武當或者少林的俗家弟子，我們就可以取勝了。我們要打什麼地方，敵人事先並不知情，因爲我們保密工作開展得好，敵人不知道我們要打哪裡只好到處都防守了，這樣我們真正要進攻的地方兵力就少了，大家都是聰明人，這個道理應該會懂了吧！這樣一來，敵軍防備前面，則後面的兵力就少了，防備後面，則前面的兵力就少了；防備左翼，右翼的兵力就少了，防備右翼，左翼的兵力就少了，到處都防備，就到處都少兵。這個時候的敵人就像一個被你拿了所有衣服而只給她一個小手絹的姑娘，遮住了上面，下面就遮不了，遮了下面，上面就遮不了，她該是多麼的淒涼啊，最後只有用那小手絹遮住了臉，任你宰割。敵人兵力少是因爲他要防備的地方多，我們的兵力多是因爲我們迫使敵人處處防守。

所以，既知道和敵人交戰的地點，又知道了交戰的時間，即便有千里路讓我們走，我們也可以按時到達還有時間歇歇腳的。不知道與敵人交戰的地點，又不知道交戰的時間，只知道要和敵人打架，走路提心吊膽不說，還不定什麼時候敵軍會忽然從路邊的草叢裡面衝將出來，這個時候倉促地和敵人交戰會好慘的。左邊的軍隊聯絡不上右邊的軍隊，右邊的軍隊喊不應左邊的軍隊，前面的軍隊看不見後面的軍隊，後面的軍隊追不上前面的軍隊。更何況大家有能走的有不能走的，相距近的有幾里路，遠的有十幾里呢，我們這個年代又這麼落後，連個手機也沒有，到時候後面的人全都掛了，前面的人都還不知道呢。根據孫子我的觀察，吳越之戰中，雖然越國的兵馬很多，但對勝利一點幫助都沒有。所以說：打仗不是比人多，勝利是可以創造的，敵人人多，我們可以讓敵人大部分人乾著急，沒辦法有效地加入戰鬥。

經過仔細的觀察和分析，就可以判斷出敵人作戰策略的優點和缺點；通過調動敵人行動，我們就可以看出敵人的活動規律是喜歡走山路、還是水路，喜歡早上、還是晚上出來跑步；通過一小撮部隊去示弱，就可以搞清楚當下的地形是否對敵人有利，敵人到底擅不擅長走山路；通過搞一次攻擊，就可以探清敵人兵力佈置是怎樣的。當迷惑引誘敵人的方法靈活到像魯班玩木頭一樣可以無影無形的時候，即便敵人派來的內鬼也沒辦法明白我們的想法，再狡猾的敵人也想不出對付我們的方法。根據敵情因地制宜地採取致勝的策略，即便是用超大字列印出來給你看，你也理解不了。大家都知道克敵制勝不過《三十六計》、《孫子兵法》，但是沒有人知道我是怎樣應用的，讓你們想到那我還怎麼混啊！戰勝敵人的戰術每次都是不一樣的，書是死的，而為了適應當下情況而採用的戰術變化是無窮盡的。靠書，是永遠打不了勝仗的，當然了，沒有書就更打不了勝仗了，還是要買一本回去看看為好。

溫柔的女子如水，作戰的規律也像水。水避高而下流，下流麼？作戰的規律是，避開扎實的敵人而攻擊虛弱的部位。水是根據地形的高低而制約它的流向，作戰則是根據敵情的變化而制定取勝的方法。總之，做戰沒有固定的戰法，就像水沒有固定的流向。了解到這一點的人你就得道了。就不枉我花著大把的青春年華寫這麼多字給你看了。金木水火土沒有哪個比哪個更厲害的，就像剪刀、石頭、布一樣；冬天已經過去了，春天還會遠麼？春夏秋冬四季也是輪換交替而沒有那一季賴著不走的。白天的時間有長有短，月亮也不是天天都圓。這世上所有的東西時刻都處於變幻的狀態，西邊的哲學家們，你們聽到了麼？這句話我已經說過啦！

爆笑版實例一

孟姜女的後代還是那麼能哭——

自薩爾滸之戰後，明軍愈戰愈衰，努爾哈赤的後金部隊愈戰愈勇。到西元一六二二年的時候，山海關外的大部分土地都以被後金佔據，後金部隊威逼山海關。明朝廷天天開會，商議對付努爾哈赤的辦法。經過一番討論之後，朝廷內部形成了兩種意見：一是退守關內，只要不讓努爾哈赤打進關內來就好；二是主動出關迎敵，務必使後金部隊進入不了關內半步。顯然第一種意見是消極的，不可取的。可是如果採納第二種意見的話，朝廷又派不出人去關外指揮，就目前在朝廷裡面的大臣們來說，討論問題可以，帶兵打仗就不行了。

就在此時，走進來一個風塵僕僕、高大威猛的人。他的到來讓皇帝高興得熱淚盈眶，讓大臣們開心得手舞足蹈，大家心中都道：「終於有人可出關去抵抗後金部隊了。」剛剛走進來的這個人就是明朝著名將領袁崇煥。

明帝：「大家安靜，安靜！崇煥，你跑去哪裡了，怎麼現在才回來？」

袁崇煥：「皇上您忘了啊，是您讓我去關外實地考察的。」

明帝：「那考察的結果怎麼樣啊？」

袁崇煥：「非常之兇險，請皇上批准我去關外抗敵，駐守遼東。」

明帝：「啊，我都還沒說呢，你就主動提出來了，好，我欣賞你！這就升你的官！來，坐下來吃點水果、喝杯水吧！」

袁崇煥：「沒時間了，你們慢聊，我先出發了！」

明帝：「要走，也等吃完晚飯再走嘛！崇煥……崇煥……」

明帝喊袁崇煥的時候，他已經上馬晝夜不歇地往關外趕去了。

明帝：「好了，來來來，我們大家賭一把，看袁崇煥頂不頂得住後金部隊，下注了下注了……」

袁崇煥的指導思想是「堅守關外，以捍關內」。山海關外的寧遠，東邊是大浪滔天的渤海，西面是山路十八彎的群山，在此建立防線再好不過了，可以一座城擋住入關的通道。而王在晉（時任遼東經略）則主張在山海關外八里鋪建築守關，衛山海衛京師，在這裡築關除了離山海關近一點，地形平坦一點之外，實在沒什麼好處。兩人意見相左，誰都說服不了誰，袁崇煥於是寫了一封信上報朝廷。朝廷派了兵部尚書孫承宗前來調節矛盾，好在孫承宗比較有目光，經過考察之後，同意了袁崇煥的意見，並將袁崇煥派去寧遠設防。

袁崇煥一到寧遠，就去視察城牆的修建情況，他看了看城牆之後問建築工人：「你在來修城牆之前是幹什麼的？」

工人道：「修豬圈的！」

袁崇煥道：「我看你也就是修豬圈的，城牆這麼薄，一棍子就能捅穿了，這麼矮，立定跳高都能跳得上來了。修這麼矮、這麼薄，還才只修了這麼一點點，搞什麼啊你們！」

工人道：「不是我們修得慢，是孟姜女的後代老來這邊練哭功，她哭一次，城牆就倒一大截。」

袁崇煥道：「孟姜女的後代？在哪？」

工人指了那女子的所在，袁崇煥尋過去，便見一個女子正扛著桶在喝水以補充水分。袁崇煥道：「來這裡練哭功，當這裡是京劇團後院啊！」之後袁崇煥趕走了孟姜女的後代，對城牆修築工程進行了重新的招標，嚴格按照他的要求修築了城牆。新修築成的城牆牆基寬三丈，牆頭寬二丈四尺，高三丈三尺，並且在城牆頭上修了六尺高的人可以趴在上面射箭的護身牆，一丈等於十尺等於三點三三三三米，請大家自行換算。寧遠成爲一個固若金湯的軍事重鎮。西元一六二四年的時候，袁崇煥得到孫承宗的批准，將防線向前推進二百里。至此袁崇煥主動地做好了防守後金的準備。

正所謂：天有不測風雲，人有旦夕禍福。又云：許多許多事情並不是我們自己所能控制的。在這個節骨眼上，朝廷派了生性懦弱的高弟頂替了孫承宗的位子，雖然現在守城固若金湯，他還是覺得後金部隊會打過來，他將後金部隊當成了天兵天將。袁崇煥怎麼拉都拉不住他，他將錦州等地的守衛部隊全部拉回了山海關，雖然後面沒有人追，他還是像趕著去投胎那樣子一樣往山海關內狂奔，爲了能跑得快一點，他將十多萬石的軍糧扔在了路上。

努爾哈赤的情報工作一向搞得很好，遼東前線易帥，新帥帶著兵馬自己主動撤退的消息很快就被他得知了，他立刻調集了十三萬大軍，雄赳赳氣昂昂地殺將過來。寧遠只有一萬多的兵馬，袁崇煥將所有的百姓拉入城中，讓他們進城的時候將值錢的東西全部帶在身上，就見有人拿著菜刀，有人頂著鍋，有人背著羊浩浩蕩蕩地進入寧遠城。接著一把火，袁崇煥將所有的民房燒得一乾二淨，以免給後金部隊留下可以躲藏身子的地方。

這是一個非常寒冷的早晨，凜冽的北風像刀子一樣割著守城官兵們的臉、手等裸露之處。袁崇煥命令官兵們一人端一盆水去城牆頂上。天氣太冷，官兵們端著水一溜小跑，邊跑邊聊天。

士兵甲：「你說這大冷天的將軍，讓我們端水去城牆上幹嘛？」

士兵乙：「聽說冬天用冷水洗澡有益身體健康，估計是要我們去城牆上洗澡。」

士兵甲：「那也不用站到城牆上那麼高啊，洗澡應該是很私人的事情才對。我猜應該是讓我們去城牆上做冰雕，以陶冶我們的道德情操。」

士兵乙：「也有可能是把水潑在城牆頂上凍成冰，這樣我們行動起來就會快很多，滑著走總比跑著走要快很多。」

看官兵們都到齊了，袁崇煥下令他們將盆中之水潑到了城牆外表面上。天寒地凍，潑下去的水立刻在城牆外表面上結成了一層厚厚的冰。

努爾哈赤終於開始攻城了，他的部隊不但騎術高明而且善於飛簷走壁地爬城牆，這次卻怎麼也爬不上來，爬一尺滑兩尺，大家都爬得非常辛苦勞累。見城牆爬不上去，後金部隊又搬來了雲梯、撞車等器具準備霸王硬上弓。努爾哈赤在下面親自指揮部隊爬梯子，撞城門。袁崇煥則在城上親自指揮部隊扔石頭，射箭。場面十分地壯觀。梯子上的人喊著：「我爬，我爬！」城牆上的人邊往下扔石頭邊喊：「叫你爬，叫你爬！」後金部隊損失慘重。雖然損失慘重，但依舊人多勢眾，而袁崇煥這邊沒有援軍，石頭弓箭也都有限，速戰方能取勝。袁崇煥下令火炮手將炮口對準後金兵密集之處轟擊，後金軍成片倒下，被炸斷的胳膊、大腿在空中亂飛，畫出優美的弧線，慘叫聲連成一片，看占不到便宜，努爾哈赤下令撤兵。

翌日，努爾哈赤帶領著鐵甲軍頂著盾牌，分頭開始攻城。他們邊跑邊往城牆上射箭，發動慘烈的攻勢。袁崇煥下令部隊好生防守，左躲右躲別讓箭射中自己就成。後金部隊終於跑到城牆下面了，他這才下令開炮，後金部隊又開始重複播放昨日的慘狀，死傷無數，看到炸飛的胳膊、大腿、腸子之後，還有腿的金兵紛紛開始逃命，後面的人往前跑，前面的人掉頭往後跑，於是碰撞踩踏就發生了，努爾哈赤也受了傷，趕忙下令撤退部隊，明軍開城追擊大獲全勝。

韓冬Say

「先處戰地而待敵者佚」，說的意思就是：搶先到戰場上的一方，便可以處於以逸待勞的有利局勢。並不是讓你乾蹲在戰場上等，應該做的是主動做好戰鬥的準備，比如修城牆、潑水等工作就可以事先在這個時候做好，這樣戰鬥真正拉響的時候，有利的方面於我方來說就會多一些。

爆笑版實例二

世界上最鮮的鮮奶

東漢時期的大學文家班彪有兩個兒子一個女兒，兩個兒子分別名叫班固和班超，女兒名叫班昭。他決心將他所有的孩子都培養成博古通今的學問家，在孩子還未出世時的胎教教材是歷史小說，孩子出世之後的教材是帶漫畫的歷史故事，在長大一點之後就是直接的文學和歷史了。好在他的孩子們比較爭氣，個個都博古通今，才高八斗。漢光武帝請班彪整理西漢的歷史，這就是歷史上有名的《漢書》了。班彪整理了一部分之後就去世了，由大兒子班固接替了他的工作繼續整理。二兒子班超跟著他哥哥幫忙。班超從小心目中的偶像是出使西域的張騫，他心中一直有一個美麗的夢，而不是在辦公室裡面抄寫這怎麼抄也抄不完的歷史。新聞又報導了匈奴騷擾邊疆，搶奪牛羊和女人的事件，班超聽後非常激動，再加上目前抄寫的這段文言文實在是難懂，總要寫錯字，他一氣之下將毛筆摔在了地上，氣憤地說：「男子漢大丈夫應該向張騫那樣征戰沙場旅遊塞外，怎麼可以整天縮在一個辦公室裡面抄抄寫寫呢？我不幹了！」說完這句話之後，他就騎著馬去參軍了。這就是中國歷史上非常著名的一次投筆從戎事件。

機遇總是光顧那些有準備的人。西元七十三年的時候，竇固派班超去出使西域，聯絡和西域各國的感情。班超帶著三十六個人出發了，第一站便是鄯善國。鄯善國經常被匈奴逼著納稅進攻，送豬送羊，鄯善王滿肚子的委屈無處傾訴，而漢朝這邊又忙著處理自己的事情和對付匈奴，也沒有管過他們，被逼無奈之下，他們只好屈服在匈奴的淫威之下，這次見漢朝竟然派了使者來，鄯善王開心得不得了，眼淚嘩嘩的，吩咐手下人好好招待伺候班超他們。給班超他們吃的穿的用的都是名牌。

三天之後。

班超：「來人，來人！」

丫鬟：「請問將軍什麼事？」

班超看了丫鬟一眼，嚇了一大跳：「哇，豬啊！」

丫鬟很正經地說：「請大人尊重我的人格，雖然我是個丫鬟，並且長得醜一點，但你也不應該說我是豬！」

班超道：「前兩天那個漂亮的丫鬟呢？」

丫鬟道：「我也不知道，大王派我來的。請問將軍有什麼事？」

班超道：「我要洗澡！」

丫鬟道：「請隨我來！」

那丫鬟帶著班超走到個架在空中的木桶跟前，木桶下面用一些樹枝圍成一個柵欄，柵欄裡面有個水池，她指著木桶道：「就請在這裡洗吧！」

班超道：「沒有搞錯吧，前兩天都是洗桑拿的啊！」

丫鬟道：「這是大王的吩咐。」

班超看這個狀況，頓時沒有了洗澡的興趣，氣呼呼地回房去了，回房之後便發現所有的一切都變了樣：原來的紅木家具變成了破破爛爛的桌椅，而且還都缺胳膊少腿的；床上的名牌用品都變成了破氈爛布；桌子上精美的點心也變成了鹹菜窩窩頭；連原先精美的那個夜壺都變成了一個啤酒瓶子。

班超大驚道：「我不是在做夢吧！」

正在這時，他的一個手下闖了進來道：「將軍啊，這是怎麼了？我剛剛說要喝牛奶，他們竟然把我帶到一頭奶牛跟前讓我自己吸。以前都是他們親自端到我們房間來的，而且都是熱好的！」

班超道：「我也發現鄯善王對我們的態度和招待沒有前兩天那麼好了，如果我沒有估計錯的話，一定是匈奴也派了使者到這裡來了。不過也不敢肯定。」

正在這時，給他們送午飯的僕人端著一盤麵條來了。班超裝作很隨意的樣子問：「匈奴使者來了幾天了吧？住在什麼地方？」匈奴使者到來這件事情，鄯善王本來是下令封鎖消息的，特別是要對班超他們封鎖消息。這些僕人們都已經被吩咐過不允許將這件事情告訴班超他們了，這個僕人沒有料到班超已經知道了這件事情，於是如實稟告班超道：「他們來了三天了，住在離這裡三十里地的國賓館。」

班超將那個僕人扣押之後，召集了一起來的三十六個人說：「現在匈奴使者到這裡來了，鄯善王對我們的態度和招待就急轉而下，天天給我們吃鹹菜麵條，而且還讓我們露天洗澡。可見他很懼怕匈奴人，萬一他被匈奴人一嚇，把我們捆了交給匈奴人的話，那我們就死定了！你們說怎麼辦？」

大家齊聲道：「情勢這麼危機，生死關頭一切全聽將軍安排。」

班超道：「無論做什麼事情，掌握主動權是最重要的，這也是這篇文章的中心思想之一，事到如今，我們須先下手爲強，制服匈奴人，如此一來便可斷絕鄯善王投靠匈奴的念頭。最後我還要說一句名人名言『不入虎穴，焉得虎子』。今晚我們就如此這般，這般如此地來對付匈奴人。」

當夜，大風，宜殺人放火放風箏，忌戴帽子、假髮外出行走。班超率領著三十六個人去偷襲匈奴。到匈奴駐地之後，班超令十個人拿著鼓繞去營寨後面，告訴他們一旦看到前面的人放火就開始敲鼓吶喊，並且不停地變換鼓點和吶喊的聲線，達到讓敵人覺得我們有很多人的目的；接著又安排二十個人拿著弓箭和刀槍在敵人的營帳前面埋伏下來。安排好之後，班超率領剩下的人衝進了敵營，放了火。後面的鼓手一看起火，立刻開始敲鼓大叫。匈奴營裡面喊聲、戰鼓聲響作一團。匈奴人被嚇醒之後亂成了一團，不知道有多少東漢兵馬衝進了他們的營地，班超一馬當先率領著同志們衝將進去一陣廝殺，斬殺了匈奴使者和三十多名隨從，而班超這邊無一傷亡，除了一個士兵在放火的時候被燒到了眉毛之外。

第二天班超去見鄯善王的時候，看到他擺好了酒席正在等人。班超道：「你是在等匈奴使者吧！」

鄯善王一臉驚訝，難道是消息沒有封鎖住？連忙道：「沒有沒有，我是在等將軍您呢！」

班超道：「好啦，別裝了，給你個東西！」

班超將匈奴使者的人頭扔給了鄯善王，把鄯善王嚇得面如土色。接著班超向鄯善王宣講了漢朝的威猛，仁義，並規勸他歸順漢朝，和匈奴斷絕外交關係。鄯善王本來就是被逼之下才臣服於匈奴的，今見漢朝人如此厲害，匈奴也便不足爲懼了，立刻答應了歸順漢朝，並好好招待班超一行。主動出擊，避免被動，讓班超取得了出使西域的第一個勝利，此後班超帶著這三十六個人先後讓于闐、疏勒等西域國歸順了漢朝。

韓冬 Say

「先下手爲強，後下手遭殃」說的就是這個道理。無論在戰場上、外交上、商戰上還是做人上，都應該注意要掌握主動權，把握一切可以把握的機會。如果班超不是做了襲擊匈奴的英明決定，而是讓鄯善王拿主意的話，別說可以讓鄯善歸順了，自己可能都會沒命回家了。

步兵的由來

魏舒，名荼。春秋後期晉國大夫，爲我國著名的軍事改革家、軍事家、政治家。在我國古代作戰一般都是用戰車，一方面因爲古代很少塞車，車總是會比人跑得快點；另一方面坐著車總是會比用腿跑來得強一點。自晉國荀吳伐戎狄一役之後，中原各國從車戰轉向了步戰，這個革新就來自於魏舒的創意。

卻說春秋時期，太原及其附近一帶是戎狄的聚集之地，他們經常派兵騷擾晉國的北部地區。晉平公十七年，即西元前五四一年，晉侯終於受不了了，派了荀吳和魏舒前去攻打戎狄。他們率領著千乘戰車浩浩蕩蕩地前去討伐戎狄，準備一舉殲滅戎狄部落。進入戎狄區域之後，他們才發現事情遠非他們所想像得那麼簡單。戎狄地界道路崎嶇，到處是溝溝坎坎，戰車推進緩慢，士兵和戰車擠成一團，擠得士兵和戰車怨聲載道，而且道路很窄，下面就是懸崖，駕駛技術稍微差點的司機一不小心就把戰車駕駛到了懸崖邊上，伴隨著「啊，我還年輕！」的喊聲，隨著戰車一同墜落懸崖。而熟悉地形的戎狄士兵又不時地跳出來襲擊他們，或者卸了他們的戰車輪子，或者給士兵一刀，又或者將戰車向懸崖方向推上一把，要命的是他們跳溝越澗如履平地一般，轉眼間消失了，轉眼間又出現了，身形飄忽不定宛若拍電影一樣。晉軍心驚膽戰的行進，仗還沒有正式開打就損失了很多戰車和士兵，而且搞得人心惶惶。

荀吳：「靠，他媽的，這仗沒法打了！」

魏舒：「大將，我們是斯文人，不應該說粗話哦！這書可能會有美眉看，也可能會有小孩看，這樣會被他們看不起的。」

荀吳：「管不了那麼多了，我太氣憤了，帶了這麼多的戰車來，卻被小小的戎狄人搞得這麼狼狽不堪，太沒面子了！難道你不生氣？」

魏舒：「能他奶奶的不生氣麼？這是他媽的什麼鬼地方，戎狄人也是，一群沒進化的動物，打仗不好好打，跳來跳去地玩輕功。操！」

荀吳：「……沒想到你說起髒話來比我還厲害，罵是不管用的，還是趕緊想想辦法吧！」

魏舒：「我看出來了，在這個地方戰車是不好使了。不如我們因地制宜，將每車士兵由四十名改為十名，這樣也不至於戰車和人互相擠得礙手礙腳了。」

荀吳：「同意，這件事情由你來辦。」
魏舒帶著經過改制的部隊去和戎狄人作戰，靈活機動之下果真取得了小小的勝利。

正當他們在戰車上邊推進邊喝酒慶祝的時候，情況又變了。
荀吳：「怎麼忽然停車了？害我倒了整整一碗的稀飯在魏舒的胸上。」
探子：「報告將軍，車走不動了。戎狄人撤進了樹林子裡面去了。」
荀吳：「樹林子？怎麼又會有該死的樹林子出現。連三輪戰車都進不去麼？」
探子：「不但三輪戰車進不去，連自行車都進不去。只會撞到樹上。要推進的話也可以，不過需要先一棵一棵地把樹砍了。」
荀吳：「大家都在搞綠化，你卻說要砍樹。你先退下！待我和魏舒商量一下再說，下令全軍就地休息待命。」
就這樣，推進的部隊又停了下來，戎狄士兵在樹林子裡面邊玩捉迷藏，邊嘲笑晉軍不敢進攻，他們跳來跳去無比歡暢。
荀吳：「魏舒你在做什麼？幹嘛這樣深沈地望著樹林子，裝氣質啊？」
魏舒：「乾脆一不做二不休，我們丟了戰車徒步行軍，進到樹林子裡面去和他們幹吧！」

荀吳：「啊，會不會有點太冒險了？自古以來打仗都是用戰車推進的。我們改革的步子會不會太快了？」

魏舒：「不管坐車還是步行，能打得贏就是最好的。再說這樹林子這麼茂密，戰車根本就開不進去，你說還有什麼辦法？」

荀吳：「你說我們邊開著車往前走邊砍樹，砍了的樹還可以賣錢，這樣會不會好一點？」

魏舒：「好啊！這麼多樹，而我們的工具又這麼簡陋。估計單單砍完這些樹也得三五十年的，乾脆我們砍了樹之後，就在這裡修個屋子、娶個戎狄女人、生一群孩子過日子算了。」

荀吳：「我看，還是按照你說的來整編軍隊吧！」

寵臣：「我不同意！我要坐車，我要坐三輪車。我的身分這麼高，怎麼能用走的呢？我不要和被人鄙視的步兵一起走路！」

荀吳：「怎麼辦？他是寵臣耶！」

魏舒稍微想了一下，然後登上一輛戰車，大聲喊道：「將士們。那個誰說的話你們都聽到了吧？他看不起步兵耶！大家隨意，我和荀將軍去那邊談點事情，我們什麼都看不見！」

那個寵臣平常就仗著老大對他的寵愛飛揚跋扈，賤到令人髮指的地步，廣大官兵早就看不慣他了。今天他又說出這樣的話，而魏舒又說了那樣的話，說完之後就抱著荀吳的肩膀去了遠處。官兵們圍了上去，儘管那個寵臣說：「不要過來，不要過來」他們還是圍了上去圍毆了那個寵臣一頓。等魏舒他們回來的時候，那個寵臣已經奄奄一息了，魏舒將之就地正法，所有人立即肅然聽命。

魏舒將部隊進行了如下的整編：撤掉了車兵，將車兵和步兵混編在一起，以五個人爲一伍，組成戰鬥中的最小組織。接著又把伍編成能夠互相配合支援的陣。在作戰的時候，前面佈置兩個伍，後面佈置五個伍，右面佈置一個伍，左面三個伍，如此形成後強前弱中間爲空的方陣，就像一個口袋那樣。完了他挑選出十個伍的士兵組成突擊隊，以便互相支援。說到擺陣，誰能及得上中原來的兄弟，早在原始社會他們抓野兔的時候，就已經將擺陣的思想應用進去了，更別說長期生活在深山野林裡面的戎狄人了。果然，當他們看到晉兵棄車而帶著零散的部隊進入樹林子裡面的時候，就開始哈哈大笑。笑完之後，就雄赳赳地衝了過來，晉軍假裝敗走，戎狄兵想也沒想就追了過來。一聲鼓響令下之後，佈置在三面的晉軍就掩殺了過來，將戎狄部隊分割包圍。戎狄部隊沒見過這樣的陣勢，頓時慌作一團，想要轉身逃命的時候，才發現後面的去路已被晉兵切斷，左跑右跑都有晉兵衝將上來，只得勉強迎戰。一陣廝殺之後，戎狄部隊死傷無數，剩餘者只好投降。接下來的日子裡，晉軍用相同的戰法從一個勝利走向另一個勝利，而魏舒因此一役也成爲步戰的創始者。

韓冬 Say

「盡信書，則不如無書」，這句話在戰場上尤爲明顯，一旦你因循守舊，紙上談兵那你就已經死了一半了。戰場上的情況瞬息萬變，即便你出發之前想得再周全，也總有沒有預料到的事情或者情況發生，隨機應變其實也還是有章可循的，那就是：掌握主動。步兵，就是在戰爭的需要之下應用而生的。

軍爭篇

戰爭中掌握主動權是至關重要的。兩點之間直線距離最短，但你不能就沿著直線跑，指不定這直線兩邊敵人幾十萬的軍隊人挨人人擠人地等著你呢，還沒跑到戰場上你就被敵人掛了。跑曲線雖然遠一點，但是沒有敵人的騷擾至少跑得心情舒暢。「以迂為直」說的就是這個道理。

凡事有好處就有壞處，軍爭也是如此。本篇還就軍爭過程中的注意事項進行了詳盡的敘述，以便大家能夠趨利避害。

原文

孫子曰：凡用兵之法，將受命於君，合軍聚眾，交和而舍，莫難於軍爭。軍爭之難者，以迂為直，以患為利。故迂其途而誘之以利，後人發，先人至，此知迂直之計者也。

故軍爭為利，軍爭為危。舉軍而爭利則不及，委軍而爭利則輜重捐。是故卷甲而趨，日夜不處，倍道兼行，百里而爭利，則擒三將軍，勁者先，疲者後，其法十一而至；五十里而爭利，則蹶上將軍，其法半至；三十里而爭利，則三分之二至。是故軍無輜重則亡，無糧食則亡，無委積則亡。

故不知諸侯之謀者，不能豫交；不知山林、險阻、沮澤之形者，不能行軍；不用鄉導者，不能得地利。故兵以詐立，以利動，以分和為變者也。故其疾如風，其徐如林，侵掠如火，不動如山，難知如陰，動如雷震。掠鄉分眾，廓地分利，懸權而動。先知迂直之計者勝，此軍爭之法也。

《軍政》曰：「言不相聞，故為金鼓；視不相見，故為旌旗。」夫金鼓、旌旗者，所以一人之耳目也。人既專一，則勇者不得獨進，怯者不得獨退，此用眾之法也。故夜戰多火鼓，晝戰多旌旗，所以變人之耳目也。

故三軍可奪氣，將軍可奪心。是故朝氣銳，晝氣惰，暮氣歸。故善用兵者，避其銳氣，擊其惰歸，此治氣者也。以治待亂，以靜待譁，此治心者也。以近待遠，以佚待勞，以飽待饑，此治力者也。無邀正正之旗，勿擊堂堂之陳，此治變者也。

故用兵之法，高陵勿向，背丘勿逆，佯北勿從，銳卒勿攻，餌兵勿食，歸師勿遏，圍師必闕，窮寇勿迫，此用兵之法也。

另類譯文

孫子教導我們說：打一場仗一般都有以下幾個步驟，將領接到老大的命令，出去喊口號召集軍隊，可能還要進行一下思想教育，然後安營紮寨，接著成群結隊地出去找敵人拚命，在這過程當中沒有比率先爭得致勝的條件更困難的事情了。我們這篇中所謂的「軍爭」意即：爭得勝利的條件。

條件一旦具備了，往後的事情就好辦了。就好比你長得又難看，又沒有錢，而且還沒念過幾天書，肌肉也沒有幾塊，性能力又馬馬虎虎，這就是不具備泡妞的條件了，往後的工作根本就沒辦法開展下去。「軍爭」過程中最困難的就是如何才能在敵人沒有埋好地雷，搞好包圍圈的時候更快地抵達預定戰場，將看似不利的條件變爲有利的條件。

在我們的年代，交通工具無外乎人的兩條腿，再好一點也就是牛和馬了，從此地到彼地都只能用走的，要想速度快就只能走快一點，路上還不能有什麼耽擱了。而同時我們這個年代的人也不像以前那麼講職業道德了。說打仗，對方就在旁邊等著你到戰場上，休息好、吃飽飯，還抽空洗個澡之後，整好隊，兩人才開打的時代已經一去不復返了，他們會在路上撒圖釘設路障，還會埋伏在路兩邊邊歇著邊等你的部隊過來，然後忽然衝出來群毆，所以說我們不能走平常人走的距離短的那條路，而應該走沒什麼人走的那條，這裡的山路十八彎的路，但是，萬一敵人想到這一點呢？他的部隊就埋伏在山路十八彎裡頭呢？不是又掛了麼，這就需要我們自己想辦法了，通常的辦法就是派一小隊隊伍在其中一條路上邊踏步、邊喊口號、邊搖著我方的旗子，讓敵人以為我們會從這條路上走，讓他們搞不清楚真實狀況，我們的大部隊已經從另外一條路上閃到戰場上啦。能這樣考慮周全，先一步到達戰場的人，就是我們應該發出嘖嘖讚揚聲的知道迂直之計的人。

凡事都有兩面性：戴眼鏡雖然可以裝斯文，但是雨中漫步的時候容易撞電線杆；抽煙雖然可以讓身上有女生喜歡的淡淡煙草味道，但是會危害到周圍人的健康；醉酒雖然可以讓人精神愉悅，但是會說出真話，這些都是我的親身體驗。軍爭也是一樣的有利有害。帶著所有的運送糧草武器車去爭取速度，就會影響部隊行進的速度，你著急但是牛馬們不著急啊，如果你丟了運送糧草武器的車，這些車可能就會被撿破爛的撿去賣掉。脫了沈重的盔甲，不管白天黑夜地狂奔去爭利，等跑到戰場上和敵人叫陣要開戰的時候，才發現只有自個兒跑來了，後面的人都沒有跟上來，一個人對敵軍十幾萬兵馬，除了當俘虜難道還有更好的出路麼？急行軍百里去爭利，能跑的士兵必然比扁平足的士兵先到，可只有十分之一的人馬如期到達戰場，敵人一看圍上來就打，即便再能跑，這個時候也跑不掉了；急行軍五十里去爭利，只有二分之一的人能如期到達，敵人一看依舊圍上來就打，部隊依舊會受損；急行軍三十里去爭利，只有三分之二的人馬如期到達，敵人一看再一次圍上來打……在路上糧草已經丟掉了，盔甲也脫了，備用武器也被撿垃圾的老伯伯賣去廢鐵站了，這個時候你靠什麼打仗？

這個世界上沒有無緣無故的愛，各諸侯國想和你好，只不過是想從你這裡撈好處，更有甚者是想吞併你罷了。不了解諸侯國的想法，就不要和他們結成同盟；沒有路況資訊，不知道路上是山林還是大海，路上會不會塞車，就不要行軍；沒有嚮導和解說員，就沒辦法掌握和利用有利地形。所以說用兵是靠騙的，要大搖大擺地騙，絲毫沒有羞愧心地騙，但凡有利於獲勝的事情，我們都應該去做。根據戰場形勢的變化，部隊行動迅速的時候要像龍捲風那樣急速飛旋；行動從容的時候，要像大森林那樣徐徐地展開；攻城掠地的時候，要像三昧真火那樣迅猛；守城防禦的時候，要像泰山那樣巋然不動；軍情隱蔽的時候，要像大坨的烏雲遮住太陽那樣什麼都看不見；大軍出動的時候，要像海嘯來了一樣無堅不摧。奪取敵方的財物，打劫敵方的百姓的時候，應該分兵行動，這樣才能搶得快。開拓疆土爭奪利益的時候應該分兵守住要害先。所有這些都應該根據實際情況靈活應用，隨機應變，這就是軍爭的原則。

《軍政》上面說：「戰場上用喊的來指揮部隊，大家或聽不見或聽錯了，所以發明了金鼓來指揮；用肢體語言來指揮部隊，大家看不見或者看錯了，打仗那麼忙，誰有時間盯著你看呢？所以發明了旌旗。」不管是金鼓還是旌旗，都是用來統一士兵們的視聽的，給他們視聽享受的同時傳遞命令的，只要你的士兵中沒有瞎子或者聾子的話，就會根據這些來服從統一指揮。這樣一來，勇敢的將士不會一馬當先地衝去送死，膽小的將士不會悄悄一個人溜了。這就是我們古人用來指揮大軍作戰的方法了，雖然落後一點但是很好用。問題就是晚上打仗的時候大家看不見，所以晚上打仗我們用火把來指揮部隊。在這裡我要提醒各位將領的就是，曾經發生過在千鈞一刻需要撤兵的時候，有將領才發現自己沒帶火柴點不著火把，等鑽木取火成功的時候，部隊已經完了，所以兄弟們啊，記得帶火柴是很重要的。晚上多點火把多敲鼓，白天多舞旗子。這些都可以在擾亂敵方視聽的同時，指揮好我方部隊。

對於敵方的士兵，我們可以用豎中指、吐口水、做鬼臉等方法挫傷他們的銳氣，讓他們喪失士氣。對於敵軍的將領，我們可以綁架他們的家人或用高官厚祿引誘他，動搖他們的決心，讓他們喪失鬥志。敵人剛到戰場的時候，看到一輪紅日升上天空，被深深地感動，此時此刻他們的士氣必然旺盛；等到中午，太陽曬著肚子餓著；再到下午，都想著回家洗澡睡覺，士氣就到了最低點了。善於用兵的人，總會避開敵人士氣正旺的時候，等他們都打瞌睡的時候才發動猛烈攻擊。這是正確運用士氣的原則。用團結一心、紀律嚴明的我方軍隊，來對付思想混亂、喜歡想家的敵人，用我們高風亮節、甘於奉獻的軍隊，來對付敵軍只想著快點打完回家抱孩子的敵軍。這就是正確運用軍心的方法。用我們吃得飽、穿得暖、歇得足的軍隊來對付長途勞頓的敵軍，以我方的從容，面對敵人的倉促。這就是運用治己之力以困敵人之力的方法。看到旗幟整齊、昂首挺胸的敵人，我們不要去迎擊他們，看到陣容強大，剛剛吃飽的軍隊我們也躲著不去攻擊，這才是懂得戰場上隨機應變的好將軍。

所以說，用兵的原則是：對於佔據高地、背靠著丘陵的敵人，我們不要從正面攻擊，可以悄悄地爬到山頂往下滾石頭；對於逃跑都跑得那麼帥的假裝逃跑的敵人，我們不要去跟蹤和追擊，歇自己的讓他們跑去吧；對於敵人派來的當誘餌的小撮士兵，我們不要衝出去打，即便他們沒拿武器還很囂張地邊朗誦詩歌邊在我們營前散步；對正在撤退的敵人部隊，我們不要去阻截，這時很容易被兩面夾擊；對於被包圍的敵軍，我們要留個缺口，以便可以卸載他們的殺氣；對於又沒糧草，又沒武器，還被一群狼追著咬的陷入困境的敵人，我們不應該過分逼迫，這些都是用兵的基本原則。

爆笑版實例一

我的臉被摔腫了

晉文公重耳爲春秋時期晉國的國君和政治家。春秋「五霸」之一，他的經歷完全可以用坎坷和淒涼來形容。自從他翻牆逃脫他父王的追殺之後就一直到處流浪，直到六十二歲的時候才在秦國軍隊的護送之下回到晉國，即位爲晉君。

事情的由來是這樣子的，他本是晉獻公的二兒子，家中有房又有錢，生活樂無邊。晉獻公晚年的時候寵愛上了妃子驪姬，這個驪姬不小心生了個兒子之後就天天給晉獻公撒嬌，要讓他把這個兒子立爲太子繼位。她撒嬌的方法主要有：抱著晉獻公的胳膊前後搖晃，邊搖晃邊說：「不嘛不嘛，快立奚齊爲太子嘛！」或者用她的小拳頭邊砸晉獻公的肩膀邊嘟著嘴說：「壞死了，壞死了！」晉獻公年歲大了，受不了她這樣折騰，於是聽從了她的話，驪姬於是放手開幹。先是逼死了太子申生，接著陷害了次子重耳和三子夷吾，這兩個可憐的孩子只得躲在自己的封地裡面不敢露面。驪姬還不放心，竟然派人去趕盡殺絕，重耳翻牆而逃，從此開始了流亡的生活。

去齊國的路上，他走到五鹿的時候實在餓得撐不住了，就跟一個田裡面的農夫要吃的，那農夫蹲下來撿了一個土塊給他道：「吶，給你吃！」重耳本就餓得發暈，現在竟然被一個農民這樣戲弄，衝上去就要和那個農夫單挑，他身邊的人連忙拉住他耳語道：「別啊，你餓得東倒西歪的，而且人家手裡面還有鋤頭當武器，不一定能打得過，別亂來！」接著那人又大聲道：「泥巴代表土地，這正是上天要把土地賜給您的預兆啊！」接著示意重耳給那個鄉下人磕頭，還將那塊泥巴用塑膠袋裝好放到了車上。在曹國，曹國老大曹共公聽說重耳胳肢窩下面的肋骨是連成一片的，竟然趁重耳洗澡的時候帶著相機去偷看，而且還想伸手去摸，要不是重耳嚴辭拒絕，就被曹共公拍了寫真，摸了他了。當然，也有對他好的國家。比如齊國，齊桓公就大擺筵席接待他，而且還給他一個好姑娘當老婆，搞得重耳都不想回家了，要不是這位姑娘申明大意地把他灌醉之後扔上車，重耳也不會有後來的成就。在楚國，楚王也設酒款待重耳，喝得差不多的時候對重耳說：「如果有一天，公子你回到了晉國，有身分有地位了，你怎麼報答我呢？」

自從上次之後，重耳喝酒之前都會喝酸奶來解酒以免喝多。他想了想之後道：「我們國家有的你們都有，我能給你什麼？再請你吃一頓？也不合適啊！」

楚王道：「那你總得報答我啊，滴水之恩當湧泉相報，這可是古訓啊！」

重耳道：「那我請您吃十頓？想必您也看不上。這樣吧，如果有一天，晉楚之間發生戰爭的話，我就退避三舍。一舍等於三十里，我這樣一退就是九十里。」

光陰荏苒，四年之後重耳返回了晉國，當上了國君。雖然他年紀大了，但是他的幹勁絲毫不遜年輕人，他勵精圖治，選用能人，幾年之後晉國強大起來了，接著他建立起來了三軍，任命了三軍元帥訓練部隊，準備征戰中原實現霸業。在晉國強大起來的同時，楚國也日益強盛。西元前六三三年，楚國聯合了陳國、蔡國等四個小國家進攻宋國。宋國向晉國喊救命，晉文公親自率領大軍前去支援宋國。

晉文公知道楚軍將領成得臣是個肝火旺盛、驕傲的人。決定先避其鋒芒，然後伺機消滅他。晉文公按照當初和楚王的約定退避三舍，這一退就退到了城濮。其實晉文公也不是白退的，一方面他是信守當初和楚王的約定；另一方面避開成得臣的鋒芒，惹成得臣生氣著急；再一方面就是利用城濮這個地方的地形了。聰明的人可以將不利轉化爲有利，將負擔化解爲裨益。成得臣騎上馬就準備往前追，一個楚國將領勸阻道：「晉文公以一國之君退避三舍，已經是給足我們面子了。便宜我們也占到了，可以回去跟老大和群眾交代了，撤吧！」

成得臣卻道：「我們是來打仗的，不是來要面子的。我最討厭不好好打仗的人了。況且晉軍這樣一撤退，士氣必定低靡，我們乘勝追擊剛剛好！」說完就騎著馬往前追，一追就追到了城濮。

雙方在城濮對陣，晉軍的人馬遠遠不如楚軍的多，晉文公不禁有些擔心。這時出來一個手下說：「好了，老大不要看著遠方歎氣了。不用怕！此次一戰，我們勢在必勝，勝了就可以稱霸諸侯；即便敗了我們也可以退回國內，有黃河擋著，楚軍也不可能打到我們國內去。」晉文公聽後，增強了與楚軍一戰的信心和決心。戰爭一拉響，晉軍就開始假裝敗退，士兵們邊跑邊喊：「別追我，別追我，我好怕，我好怕……」楚軍右軍放心大膽地開始追趕。一聲鼓響，一陣吶喊之後，晉胥臣帶領著戰車衝將出來，他們將拉戰車的馬都化妝成了老虎，楚軍的馬一見如馬一般高大的老虎都想著要掉頭逃跑，楚軍頓時亂成一團，而晉軍的馬被化妝成老虎之後，就真的當自己是老虎奮起追擊，胥臣一陣掩殺，楚軍的右軍一敗塗地。

晉軍一方面命人騎著馬拖著樹枝向北奔跑；另一方面讓一個士兵化妝成楚軍的士兵向成得臣報告右軍獲勝。

成得臣道：「你怎麼這麼面生？探子的臉好像沒這麼圓吧！」

士兵道：「哦，我剛剛跑得太快，摔了一跤臉摔腫了。右軍真的獲勝了，晉軍向北敗逃之中……」

成得臣登高以望，看到北方煙塵滾滾，晉軍在其中若隱若現，於是相信了這名探子所報。

楚國的左軍衝進了晉軍擺好的陣中，又被人引入了埋伏圈，楚軍的左軍也被全面殲滅。晉軍這邊又派了一個探子假裝成楚國士兵前去跟成得臣傳遞虛假情報。

士兵道：「左軍也大勝了，晉軍又開始敗逃了！」

成得臣道：「咦，剛剛那個臉上好像沒這麼多麻子吧！」

士兵道：「哦，這是被戰車濺到臉上的泥點點，你看我一擦就擦掉了。」說完那個士兵就暗自用力摳下了自己臉上最大的一個麻子。

成得臣又一次信以爲真，見左右軍都大獲全勝，於是自己帶著中軍衝入晉軍的中軍之中。此時，晉軍的上下軍圍上來助戰，成得臣方知自己的左右軍都已經大敗了。想要突圍的時候，又被晉軍攔住了出路，被晉軍一陣群歐，好在晉文公及時發出了命令，饒了成得臣一命，以報當年楚王的恩情，成得臣以半條性命逃回了楚國。

韓冬Say

這個故事就是「退避三舍」的來歷了。可以看得出來重耳退避三舍並不是因爲真的要報恩，或者是害怕了楚軍，而是根據楚軍的實際情況做出的決定，目的在於避開楚軍的銳氣，以退爲進。做人應該低調、虛心一點好。

爆笑版實例二

背著畫架的間諜——

趙奢，生卒年不詳，前半生幹了些什麼事不詳，是一個很神秘拉風的男人。從趙惠文王時期，他開始做了收農田稅的小官的時候，才有了關於他的事跡記載，而且一出場他就殺了九個人。事情的發生是這樣子的，趙奢非常熱愛自己的工作，並且一直以來有法必依，執法必嚴。又是一個工作日，他穿著稅官的制服前去平原君家收地租。平原君是趙國很有勢力的旺戶，家人也就非常囂張，連家裡的下人平常出外在公交馬車看到穿得破爛些的民工都要捂鼻子。趙奢只是個小官，他們根本就看不起，不但不給趙奢交地租，而且連杯茶水都不給他倒。趙奢一怒之下，捆了平原君家九個主事的人。

主事者甲：「喂，想清楚哦，我們可是平原君家的人。平原君耶，聽到沒？」

趙奢：「平原君怎麼了？王子犯法與庶民同罪。」

主事者甲：「好啦，那是書上寫來給後人看的啦，什麼時候王子犯法能與庶民同罪，我看你真是愛說笑！」

趙奢：「不但不尊重國家官員，還藐視國家法律。來人，給我砍了！」

主事者甲：「砍頭？不上稅就要砍頭這麼嚴重，別玩啦，我們回去給你拿來地租就好了。」

趙奢：「晚啦，往後好好學學法律吧！」

九名主事者異口同聲地喊道：「不要啊，冤枉啊，冤枉啊！」

就這樣他們被砍了頭。平原君回家就聽到了下人稟告這件事情，立馬拉了家裡的武裝力量去將趙奢捆了回來。

平原君：「趙奢，你還真是夠厲害啊，一下子就殺我家人九口，你沒聽過平原君我的名號麼？」

趙奢：「在趙國怎麼可能沒聽過平原君你的名號呢？那不是法國人不知道拿破侖，美國人不知道華盛頓了麼。不過你的家人藐視國家官員，還不按國家法律規定上交地租，我也是按法律辦事的。」

平原君：「你這樣搞，我往後還怎麼在趙國混？我今天就不按法律辦事，左右，給我把他砍了，然後埋到後花園的桃樹下面當肥料。」

趙奢：「且慢！」

平原君：「怎麼，怕了？」

趙奢：「我有一事不明，平原君你家這麼有錢，你少抽一條煙都夠交地租了，爲什麼那點地租你們就是不交呢？」

平原君：「不這樣怎麼表現我的地位之高呢，怎麼表現我是有錢人呢，所以說窮人就是窮人，不懂這個道理。沒問題了吧，左右給我砍了他！」

趙奢：「再且慢！」

平原君：「又怎麼了？」

趙奢：「我還有一番話想對你說。這段話比較長比較感人，能不能給我放點音樂？」

平原君：「好，聽聽你能說什麼出來，吹蕭員伺候。」

趙奢：「平原君您是趙國尊貴的公子，現在你卻縱容家人妨礙國家公務，不按法律和規定做事，這樣國法就被削弱，國法削弱了國家就會衰弱，國家衰弱了各國就會派兵來侵犯我們，各國派兵進犯了趙國就不存在了，你的錢會被別國人搶走，你的妻妾們會流著眼淚被別國人霸佔，而你也不能像現在這樣富貴；如果像你這樣高貴的人都可以奉公守法的話，別人也必會向您學習，全國上下就會公平合理，這樣一來國家就會強盛，國家強盛了趙國就穩固了，趙國穩固了您也會被天下人尊重的！」

平原君：「有理，有情！不過……能不能再唱一遍？」

那天平原君讓趙奢一共唱了十八遍，他覺得趙奢是個很賢能的人，不但放了趙奢，還向趙王推薦了趙奢。趙奢被任命爲管理全國稅務的總管，他上任之後，國家賦稅公平合理，百姓富了，國庫有錢了。後趙奢又被任命爲將軍，在軍事領導方面也展現出了他卓越的才能。

西元前二六九年，秦國派大將胡陽率領重兵包圍了趙國的閼與城，也就是今天的山西和順一帶。趙惠文王急忙召廉頗、樂乘等進宮商討閼與之事。

趙惠文王：「閼與能救麼？」

廉頗：「道路遠而且崎嶇難走，救不了啦！」

樂乘：「廉將軍所言甚是。」

眾人：「樂將軍所言甚是。」

趙惠文王：「……那就是都說不能救了？難道眼睜睜看著閼與城內將士戰死，閼與盡歸秦國？又沒有人有別的意見的？」

趙奢舉手道：「我覺得可救。道路險狹崎嶇難走是雙方的，秦國人也是在地上走的，不是在空中飛的。在這種地方打仗，就像兩隻老鼠在洞裡面互相搏鬥一樣，勇敢的會用計謀的那方就會勝利。」

趙惠文王：「不愧是男主角，我等的就是你這個意見！」

趙奢於是被命令帶著兵馬去搭救閼與。

趙奢帶兵浩浩蕩蕩地出邯鄲城而去，走出三十里就命令全體將士停止前進，開始在此築營紮寨，還讓炊事班開始生火做飯，接著下令道：「誰來談軍事，讓我急速進軍的話就砍了誰！」眾人都不知道趙奢這是想幹什麼。

軍吏：「將軍是不是肚子痛，所以要在此歇息？」

趙奢：「不是，我的腸胃一直很好，吃什麼都香。」

軍吏：「那……將軍是不是在等什麼人？武林高手，紅顏知己什麼的？」

趙奢：「不是。別再問了，我的心你是永遠不會懂的。趕緊去修築防禦工事吧！」

這個時候，秦軍又派了一隊軍馬屯兵在武安西邊，天天敲鼓吶喊，磨刀練兵，想要引誘趙奢帶兵去援救武安以便鉗制趙軍。趙奢的部下們都非常著急，大敵近在眼前，而趙奢卻無半點讓部隊啓動的意思。那個軍吏又來了。

軍吏：「將軍是不是害怕秦兵了？」

趙奢：「不是，我趙奢還沒有怕過誰呢！」

軍吏：「那很顯然將軍你已經腦子壞了。乾脆讓我帶兵吧，我去把秦軍打個落花流水。」

趙奢：「左右，給我砍了這傢伙。」

就這樣二十八天過去了。趙奢依舊帶著部隊整天加固工事，修營築壘。讓秦國部隊覺得趙軍很害怕他們，打算全力保護邯鄲。爲了證實這一點，他們派了一個人以友好訪問的名義前來趙營刺探軍情。那人一來就東瞅瞅西看看的，還背著一個畫架到處寫生，畫上畫的都是趙國軍營的情況。趙奢佯裝不知他的真實身分，好酒好肉地款待他，還誇他畫畫得好，讓那人給他畫了一張大頭畫之後送那人回秦營去了。那名會畫畫的間諜回營之後，就將趙軍的情況告訴了胡陽，還讓胡陽看了趙軍那邊只顧防守不思進攻的畫面。胡陽大喜，覺得趙軍沒可能去援救閼與了，於是放鬆了對趙奢軍的戒備。趙奢令全軍偃旗息鼓，不動聲響地疾馳了兩天一夜，趕到了距閼與五十里的地方築壘設營。胡陽得知後連呼上當，急忙率領著自己的人馬前去閼與地界。

趙奢正在營房裡面研究地圖的時候，有一個名叫許歷的軍士走了進來。他給了趙奢他家的地址和他家的全家福。

趙奢：「你這是幹什麼？請我去你家做客也不用給我你家的全家福啊！」

許歷：「我已經做好了死的準備了。今天即便你要殺我，我也要跟你談談軍事了。不過我死後希望將軍能安置好我的家人。」

趙奢：「不談軍事是在那個時候爲了迷惑秦軍而下的命令。現在不算數啦！」

許歷：「啊，死相！不早說，害得我困擾了好幾天。我覺得我們應該馬上佔領閼與北山，主動佔據有利地勢，爲我方增加可勝利的因素。」

趙奢覺得有理，立刻派了一萬精兵火速佔領了北山。趙軍佔領山頭之後，秦軍也來了。他們從山下不斷地進攻，畢竟爬山本身就累，再加上趙軍從山頂射下來如雨的箭，秦軍幾次衝鋒都被壓制了。趙奢見秦軍鬥志已弱，立刻下令總攻，閼與城內的守軍也出城攻擊。秦軍不支，大敗而走，閼與之圍終得解。

韓冬Say

「知己知彼，百戰百勝」，這個道理敵人也明白的。我們要做的就是儘量讓他們沒辦法知道我們的情況和我們的意圖，更加高級有效的結果就是讓他們得到錯誤的情報，然後出奇制勝，你可以用假裝，演戲，謠言等手法達到這個目的，這其中往往會有一些不明就裡的豬頭來干擾，也會有很多別人所不能想像的壓力需要承受，只要能贏得最終的勝利，這些又算得了什麼呢？趙奢做得很好！

爆笑版實例三

投降還是逃跑？

陳友諒乃沔陽人，出身漁家，從小吃很多魚，所以腦子比較聰明，他老婆發明的「沔陽三蒸」十分有名，一直流傳到現在。曾經當過縣裡面的小官，後來參加了天完紅巾軍擔任丞相倪文俊的秘書。後來，他說倪文俊要謀害天完帝徐壽輝，以此爲由做掉了倪文俊，掌握了天完兵馬。至正十九年，他又殺了徐壽輝的左右部署，挾持了徐壽輝移都江州，自稱漢王。第二年，他在采石殺了徐壽輝自立爲帝，國號爲漢。他一直把朱元璋當成心腹大患，立帝之後他就率領著「江海鼇」、「混江龍」、「塞斷江」、「撞倒山」、「氣死龍王」等擁有非常拉風的名字的巨艦和所有兵力順流而下，近逼應天，企圖將朱元璋部一舉消滅。朱元璋召集眾將領前來商討應敵之策。

朱元璋：「陳友諒帶著兵馬漂過來了，我們該怎麼辦呢？」

大將甲：「我覺得最簡單而直接而有效的應對方法就是……投降。」

大將乙：「甲將軍說的辦法的確非常簡單而且直接，但是我們堂堂大軍怎麼可以投降陳友諒這個奸賊呢？我們應該……逃跑！跑去鍾山然後死守，這就是三十六計裡面的最後一計，走爲上！」

大將甲：「跑能跑得掉麼？陳友諒所率的部隊熟悉水戰，水性又好，而我們大部分士兵都暈船厲害。即便就是跑到了鍾山，他們的部隊還是我們的十倍之多，能守得住麼？我覺得還是投降最爲妥當了。」

劉基：「我覺得目前首先要做的就是先砍了你們兩個的頭。」

大將甲：「憑什麼啊？就憑你的臺詞前面是真名，我們是甲乙丙丁麼？一個小小的謀士怎麼這麼囂張啊！」

劉基：「大敵當前，你們想的卻不是投降就是逃跑，還說得那麼大言不慚，這樣的將軍不殺留來幹嘛？陳友諒自恃人馬多，艦艇大，一定非常驕橫，他們又從那麼遠的地方漂過來，如果我們引誘他們深入，然後再埋伏他們的話，一定可以取勝的。」

朱元璋同意了劉基所說，決定誘敵深入打一場出其不意的伏擊戰。現在擺在眼前的問題就是怎麼能誘敵深入呢？豬牛羊都不會游泳，不可能趕著他們去引誘陳友諒軍深入，主要還是陳友諒那邊根本就不缺這些東西；自從他老婆發明了「沔陽三蒸」解決了部隊的伙食問題之後，陳友諒就對他老婆死心塌地，愛得死去活來，用美色去引誘也不可能。唯一的辦法就是派人去詐降了。朱元璋選的是康茂才，這康茂才乃是元朝的降將，以前是陳友諒的老朋友，朱元璋覺得由他去詐降再合適不過了。

朱元璋：「茂才，你覺得我對你怎麼樣？」

康茂才：「叫得這麼親熱，還問這樣的話，一定是有很危險很重要的事情要我去做了。你對我很好啊！」

朱元璋：「陳友諒大軍來了，他企圖這一下就殲滅我們。」

康茂才：「莫非你是想派我拿著鑿子和榔頭去鑿爛他們的艦艇？我泳游得不是很好啊。」

朱元璋：「非也，我們定的是誘敵深入，伏而擊之。所以想讓你寫信詐降，引誘陳友諒帶軍前來，信由你選人送去。」

康茂才：「原來這麼簡單啊！陳友諒這傢伙不講信義，還殺了我的老鄉徐壽輝，我天天都想著去找他決鬥呢！」

朱元璋：「這就好了，有什麼需要儘管說。」

康茂才回房之後，立刻寫起了書信，先是敍述了他對陳友諒這位老友的懷念之情，說自己天天都躺在床上看月亮想他，還說他因爲有陳友諒這樣的朋友而驕傲。接著又說自己在朱元璋這邊吃不飽穿不暖，還經常受人虐待，加上朱元璋疑心重，自己在這裡混得真的很差。聽到陳友諒率領著部隊前來，他開心得就像娶到了林志玲一樣。他建議陳友諒兵分三路進攻應天城，他的部下把守的是應天城外的江東橋，他願意作為內應，開了城門和友諒一起帶著部隊衝進帥府，活捉朱元璋。寫完之後，他找來了一名僕人，這一名不是普通的僕人，而是一名老僕人。

康茂才：「陳友諒你認識吧！」

老僕人：「認識，以前經常來我們家的那個嘛，尖嘴猴腮一看就不像好人，我知道他帶兵來了。你這樣一臉嚴肅而又秘密地跟我說話，是不是打算讓我去暗殺他？不過就我目前的身體恐怕難當此任，我走幾步路都要大喘氣的。」

康茂才：「知道就好。其實是一份很簡單的工作要你來做，送一封信去陳友諒那邊。」

老僕人：「郵遞員的工作？這個沒問題。」

康茂才：「不過是一封詐降的信，最好不要讓陳友諒看出來是詐降。所以你要表現得非常鎮定，其實這個對於你來說好簡單的，因為你的手一直在不停地抖，說幾句話就會累到額頭冒汗，我選擇你去，就是因為你有這些優點，這樣一來陳友諒就看不出你緊張了，只要你不說錯話，就一定可以安安全全地回來的。」

老僕人：「那萬一我說錯話了呢？」

康茂才：「那你就死定了！好了，出發吧，小心一點就好了！」

那老僕人爬上了一艘小船，頭上插著使者的標誌，帶著書信往陳友諒的軍營駛去。

陳友諒看了書信之後非常地高興。康茂才寫得那麼情真意切，加上自己的大軍一路又打得那麼囂張，料想也不會是詐降，不過兵不厭詐，他還是仔細地盤問了一番那名老僕人。

陳友諒：「你的手怎麼會發抖？是不是在說謊緊張？」

老僕人：「人老了都會這樣啊，有可能是因爲局部的神經受到壓迫，也有可能是老人甲亢病，最麻煩的一種可能就是帕金森氏病了。你到時候也會這樣的！」

陳友諒：「老康還說他天天看著月亮想我？」

老僕人：「是啊，每天天一黑他就躺在床上看著窗外的月亮默默流淚，口中還輕輕地呼喚著你的名字……」

陳友諒：「這麼感人?!好，那老康守的那座橋是木橋還是石橋？」

老僕人：「木橋。」

陳友諒見這名老僕人對答如流而且又那麼鎮定，便相信了康茂才投降是真的了。他讓老僕人帶話給康茂才，他會馬上兵分三路攻取應天，到時候以「老康」爲接應暗號。約定好之後，他送老僕人離去。第二天便水陸並進直奔應天，他親自率領了數百艘的戰船順水而下，先頭部隊到大勝港之時便遭到朱元璋手下將領的阻擊，根本無法登岸，新河航道又窄，他的那些名字很厲害很拉風的船根本過不去，便下令直奔江東橋和康茂才裡應外合。船隊到達江東橋的時候，陳友諒見江東橋竟是一座石橋，心中頓生懷疑，他命部下按照約定大喊：「老康，老康！」喊了一個多小時都沒有人答應，方知中計了。他忙下令一萬多精兵下船在陸上修築工事，企圖打一場搶灘登陸戰，強攻應天城。那座名爲江東橋的木橋怎麼會忽然變成石頭橋呢？不是變成了化石，也不是那個老僕人騙了陳友諒，而是朱元璋，他怕康茂才假戲真做，將那座木橋在一夜之間改造成了石頭橋，真是有夠陰的啊！

正在陳友諒的精兵修築工事的時候，朱元璋的大將徐達和常遇春就率軍從左右殺將過來，修築工事的精兵頓時大亂，扔了手中抱著的磚頭和手中拿著的鐵鍬扭頭就跑，大家只管逃命，陳友諒的大聲吆喝也不起作用。亂軍奔到江邊，蜂擁爬上大船，下令開船之後才發現船根本就跑不動了。潮水一退，船都被擱在了沙灘上，陳友諒部隊叫苦不叠，徐達和常遇春乘勢殺上了大船，陳友諒部隊一敗塗地，陳友諒乘著一條小船逃跑了。

韓冬Say

媽媽說過不應該說謊話，在戰場上別聽媽媽的，跟別人鬥爭的時候也別聽媽媽的。只要有好處，只要能消滅敵人，能說謊話的地方儘量說，需要欺騙的地方儘量騙，這或許是到達勝利彼岸最爲有效的方法了。所謂「兵不厭詐」，說的就是這個道理。我不是教你詐，世界本該如此。

九變篇

打仗不是做廣播體操左扭扭之後就是右扭扭這樣子有規律，戰場上什麼情況都可能會發生，什麼樣的變化都可能會遇到，如果是神話故事的話，還會有意想不到的荒誕事出現，比如在封神榜裡面就是這樣。所以當將軍的應該能夠隨時做好應對準備，在形勢大好的時候想著防患於未然，在受人欺負的時候總是能在內心的最深處聽見水手說「風雨中這點痛算什麼……」悲觀主義者和樂觀主義者都是帶不好部隊的。

將領在五種情況之下可能會誤入歧途，誤人子弟，誤國誤民。而這五種情況又是經常會遇到的，將領們經常會有過失的，在此篇之中也將會有敘述。

原文

孫子曰：凡用兵之法，將受命於君，合軍聚眾，圮地無舍，衢地交合，絕地無留，圍地則謀，死地則戰。塗有所不由，軍有所不擊，城有所不攻，地有所不爭，君命有所不受。故將通於九變之地利者，知用兵矣；將不通於九變之利者，雖知地形，不能得地之利矣。治兵不知九變之術，雖知五利，不能得人之用矣。

是故智者之慮，必雜於利害，雜於利而務可信也，雜於害而患可解也。

是故屈諸侯者以害，役諸侯者以業，趨諸侯者以利。

故用兵之法，無恃其不來，恃吾有以待也；無恃其不攻，恃吾有所不可攻也。

故將有五危，必死，可殺也；必生，可虜也；忿速，可侮也；廉潔，可辱也；愛民，可煩也。凡此五者，將之過也，用兵之災也。覆軍殺將，必以五危，不可不察也。

另類譯文

孫子教導我們說：所謂的「九變」並不單指九種變化，「九」是很多的意思，就像「獨孤九劍」並不是只會砍九下那樣子。

凡是用兵的方法，將領收到國君的命令，召集好人馬，吃完散夥飯之後就帶著部隊出發了。在沼澤地帶、坑坑窪窪的地方，還有池塘之上不應該駐紮，不然睡一晚之後會發現少了很多人的，而且地又不平又潮濕，將士們不但睡不好覺，還有可能染上風濕而抱憾終生；在四通八達的黃金地段要和周圍的人打好關係，光天化日之下砸場子和搶劫的事情也是經常會發生的；在連根草都不長的地方要迅速地通過而不要停留，不毛之地有什麼好停留的呢？看風景沒風景的，吃野味沒野味的，要美女沒有美女的。如果在這個地方真的出來一個美女，那她不是白骨精就是外星人了，而且還得是好長時間沒吃過人肉餓得快暈過去的白骨精和來自比衣索比亞還窮的星球的外星人；在四周不是高山就是海洋等容易被包圍的地方，要提高警覺，萬一被敵人包圍了也得要跟他們拚了，一旦害怕了就完蛋了。有的道路不能走，當心圖釘；有的敵軍不要攻，當心他們是少林十八棍僧化妝的；有些城池不要佔領，當心裡面鬧鬼；有些地域不要爭，當心全是陷阱，陷阱裡面都是糞坑；老大的有些命令也可以不聽，畢竟我們這個年代沒有現場直播，老大不可能隨時隨地掌握現場局勢，可能等送信的人送到的時候，寫信的人都已經投完胎了。

所以如果將帥能夠精通地掌握了「九變」的具體運用，並且可以靈活地隨機應變地應用的話，就算是真的懂得用兵了；將帥不精通「九變」的具體運用，就算是熟悉地形還請了旅遊團的導遊，也不能得到地利。當指揮官如果不懂「九變」，就算你知道了「五利」，你也不能算是一個稱職的指揮官，也不能充分發揮部隊的戰鬥力。

智慧與美貌並重的將帥考慮事情的時候，不但會蒼茫地望著遠方顯得很酷的樣子，而且會把好處和壞處一起衡量。在考慮我軍的不利條件的時候，不會悲觀失望，覺得整個世界都是灰暗的，他會同時考慮有利的條件並加以利用，好事就能順利進行；在看到有利因素的時候，他不會盲目樂觀覺得整個世界都是自己的，更不會開心地抱起老婆來轉圈，他會同時考慮還有哪些不利的因素，這樣可能會造成災害的不利因素就會事先排除掉。所以，要讓諸侯們都聽你的，就要用實力制其要害，有實力自然有魅力；要把諸侯們像使喚奴隸一樣的使喚，就應該讓他們困於事業，連碗牛肉麵都買不起；要讓諸侯們都願意來追隨我，就要用利益來誘惑他們。

所以我說：用兵的原則是不抱敵人在家忙著過年或者帶孩子而不會來攻擊我們的僥倖心理，無論什麼時候，我們的安全保障都緣自我們有充分的準備，嚴陣以待著敵人；不要指望敵人不來進攻，要靠我們強大的實力，來威懾他們，即便敵人來了也只能大敗而歸。

做將領的有五個致命的弱點：堅持死拚硬打而不會想變通之法，做人這樣子執著是要吃虧的，這可能會招致殺身之禍，看形勢不對的時候，帶著部隊閃也是可以的，留得青山在不怕沒柴燒嘛；臨陣畏縮，貪生怕死，這種人在平常會表現得好勇敢好無畏，到戰場上一看敵人密密麻麻的軍隊就立刻想要扭頭走了，這樣的人最好的結局就是當俘虜，去敵軍那邊被虐待；脾氣火爆，急性子，這種人可能因爲敵人送給自己一套女性內衣，就怒髮衝冠而衝上去砍，這樣會把部隊帶進埋伏圈的，送女性內衣有什麼了不起，大不了轉送給你老婆啊；太注重自己的名聲，這樣子的人可能會被敵人的一個謠言而激怒，又將部隊帶進埋伏圈，名聲只是虛名而已，就像天上的浮雲一樣，有什麼用處？性命才是最重要的；太過於善良，太過於愛護民眾，連晚上偷襲敵營都怕會吵到鄉親們睡覺，這樣的人只會貽誤戰機。上述的這五種情況的後果都是很嚴重的，同時也是將領們最容易有的過失，這些都是用兵的災難啊，哪方的士兵遇上這樣一個領導，哪方的士兵就淒慘了。軍隊之所以會全軍覆沒，將領之所以會有去無回，必定是因爲這五種危害之中的一種或者幾種，所以一定要清楚地認識到這五種危害的嚴重性，最好能列印出來換了你貼在床頭的美女海報，每天看一遍。

動物世界

王莽新政三年十二月，綠林軍乘著王莽主力軍隊向東去攻打赤眉軍之時，先後在池水、育陽打敗了王莽部隊，包圍了宛城這個戰略要地，同時也將部隊發展到了十萬人。四年二月，綠林軍推舉漢室後裔劉玄爲皇帝，恢復了漢制，改元更始。昆陽之戰便是發生在四年六月的一次以綠林軍爲主體的漢更始軍大敗王莽主力軍的一次戰役。

劉玄稱帝之後，爲牽制王莽軍南下，保障主力軍奪取宛城，便派了王鳳、王常和劉秀等率軍兩萬人向北去攻城掠地，三月，他們進逼洛陽。王莽慌忙將主力從攻打赤眉軍戰場拉了回來，準備徹底地粉碎漢軍對他的威脅，徹底地消滅更始政權。王莽這次真的生氣了，後果很嚴重。他將所有能打仗的部隊全部調動了起來，又將所有的軍師也不管學歷高低全部召集到了一塊兒，這多人聚集在一起，場面何其壯觀啊！即便這樣他還嫌不夠拉風，他又舉辦了一個名爲「王莽酸酸乳・超級壯男」的選秀活動，目的就是從全國各族人民中間選出一名超級壯漢。最後勝出的是一名一輛車、三匹馬都拉不動的壯男，而這個壯男的作用就是走在部隊最前面用來嚇唬漢軍，給自己的軍隊壯膽鼓勁的，接著他又從動物園裡面弄來好多老虎、豹子、犀牛、大象等比較巨大的動物，裝在籠子裡拉在車上也編排進隊伍裡面，本來他還想將動物園的那隻恐龍一起拉來，可是那恐龍的體積實在太大，根本就塞不進籠子裡去，即便製造一個超級大籠子將恐龍裝進去了，也沒有東西能拉得動那輛車。這些動物的功用此時此刻已經由供人們觀看和調戲轉變爲嚇唬漢軍、壯我軍威了。就這樣一個什麼都有的部隊浩浩蕩蕩地向昆陽城開了過去。

此時昆陽城內的守軍只有七八千人，在王莽如此囂張地混編部隊面前是有夠寒酸的。昆陽城雖然有夠堅固，倒是能撐一陣子，不過如果被敵人長期圍困的話，那就是必死無疑的了。在一個大廳裡面召開了昆陽城的軍事擴大會議。

將領甲：「太恐怖了，那麼高大的男人，我還從來沒有見過。王莽軍太厲害了！」

將領乙：「就是，還有那麼多的老虎、豹子、大象，他們會不會放出來咬咱們呢？」

將領丙：「不如我們將部隊分成好幾群，然後從不同的地方進攻。那個巨大的男人由一部分身材嬌小靈活的人搞定，那些動物由以前在動物園工作過的士兵們對付，另外的人去消滅王莽的部隊！」

劉秀：「部隊分成小塊小塊的，只會給敵人侵吞造成便利，合力應對或許可以取勝，如果分開的話必敗無疑。再說了，那個巨大的男人和那些動物都只是擺設，不用操心的。」

將領甲：「小官兒劉秀，那你說到底該怎麼對付呢？」

劉秀：「應該死守昆陽，牽制王莽的部隊，等待正在進攻宛城的部隊前來救援。今晚我再出發去找找救兵，看看能不能拉些部隊回來。這裡就由王鳳率領軍隊守衛吧！」

將領乙：「啊，那怎麼行啊？我覺得不妥！」

劉秀：「乙將軍你有更好的辦法麼？」

將領乙：「辦法嘛……沒有！」

所有人都拿不出應對之策，雖然看不起劉秀，目前這種狀況也只能聽劉秀的了。劉秀部署了部隊在王鳳的帶領下守城，自己帶領了十三騎冒死衝出城去找援軍。他們跑到郾城，希望那邊的漢軍可以前來救援昆陽。可是郾城的將領們都怕王莽的部隊，另外還想保著搶來的金銀財寶、老婆、娃娃、熱炕頭，安安穩穩地過日子。

劉秀：「大敵當前，你們還過什麼日子？」

郾將：「我剛剛買了三室一廳的房子，而且還有存款，這些都是我打仗拚回來的，家裡生活小康了，我幹嘛還要跑出去打仗？」

劉秀：「王莽不除，你的日子能過得安穩麼？一旦王莽攻克昆陽的話，接下來要滅的就是你們了。Look!」

劉秀拿出很多圖片，上面畫的都是王莽軍隊得勝之後的場景：殺人放火，姦淫擄掠，人民骨肉分離。郾城將領們見此，紛紛同意帶兵前去救援昆陽。

劉秀將這些漢軍集中起來一看，倒也有不少的人馬，不過和王莽部隊的數量比起來，依舊是小巫見大巫了。可為了保住昆陽，他們依舊義無反顧地向王莽軍衝將過去。在路上，劉秀又想到了一個計謀。他寫了一封信，將這封信假裝成從宛城發來給昆陽守軍的，信中內容是宛城那邊已經大勝。劉秀將這封信扔在了王莽軍附近的大路上的非常顯眼之處。這封信終於被王莽軍撿去了，王莽軍那邊非常震撼，軍心動搖。劉秀立刻帶領了一支突擊隊向王莽軍中衝去，王莽軍被嚇了一跳，以為是大軍前來對付他們了，想都沒多想就要扭頭逃跑。城內的王鳳守軍也瞅準了這個機會大叫著衝了出來，好一陣廝殺。正在此時，天降傾盆大雨，戰場一片混亂不堪，王莽部隊裡面的那個巨大的男人早已不知道跑到哪裡去了，被帶來的動物也逃出了籠子到處亂竄亂咬。王莽軍此刻連逃跑都不會了，紛紛跑進了附近的演川河裡面去做了水鬼，這或許是歷史上最壯觀的一次落水事故了，王莽軍四十多萬人沒有多久就化爲烏有了，官兵屍體將河道都給堵塞了。

王莽軍的將領只帶著幾千個人逃回了洛陽。漢軍單單打掃戰場就打掃了一個多月，因爲王莽軍留下的糧草兵器實在太多了。

韓冬Say

被大軍包圍了應該怎麼辦？不是抓緊時間享受了該享受的之後自殺，也不是等死，也不應該出城投降，孫子已經說得很清楚了，應該是「圍地則謀」。充分發揮人的主觀能動性，積極想辦法脫離困境，需要堅信的是：這個世界上沒有解決不了的問題，沒有搞不定的事情，也沒有打敗不了的敵人。

爆笑版實例二

那一箭的風情

雖然慕容翰性格豪邁，文韜武略，胳膊比別人長，力氣比別人大，而且又善於射箭，而且還打了不少的勝仗，深爲慕容廆所器重，但因爲他是慕容廆的小妾生的，還是沒有被立爲世子，被立爲世子的是慕容廆的正室所生的慕容皝。被小妾生難道也有罪嗎？晉成帝咸和八年（西元三三三年），慕容皝終於是繼位做了前燕的國君。他這個人又嚴厲苛刻又小心眼，燕國百姓都看不慣他的所作所爲。大臣情真真意切切地勸他他也不聽。他不想著改變自己，卻一味地只知道嫉妒慕容翰的才幹，而另外兩個弟弟慕容仁、慕容昭也都不但比他有文化而且比他長得帥，身邊的人都是比他強的人，他整日活在自卑和嫉火之中，非常地痛苦。

慕容皝：「醫生您好，我非常難過！」

心理醫生：「我知道！」

慕容䍃：「我都還沒說，你怎麼就知道了？」

心理醫生：「首先不難過的人就不會來找我，其次我跟你又不熟，你也不可能是來和我話家常或者找我借錢的，還有看你眼睛通紅、眼眶深陷，就知道你整夜整夜地失眠了。說吧，是失戀了還是離婚了？」

慕容䍃：「都不是，怎麼男人只會爲了這些事來找你麼？我難受，是因爲我身邊的人個個都比我強！」

心理醫生：「哦，明白了，是嫉妒。你是不是經常希望你身邊的人走路被車撞，吃飯吃到蒼蠅，娶個醜老婆呢？」

慕容䍃：「是，有的時候我都想往他們的菜碟子裡面下毒了！」

心理醫生：「嗯，看來你病得還不輕啊！治療這種病，第一步就是要樹立你的信心，其實每個人都有自己的長處的，只要你常拿自己的長處和別人的短處比，久而久之你就可以樹立起信心，覺得其實自己才是天下第一了。你很帥啊，你身邊的人比你更帥麼？」

慕容䍃：「沒錯，他們都比我帥，我和他們站在一起，簡直就是如花和F4站在一起。」

心理醫生：「那論文化和武藝呢？」

慕容䍃：「我和他們一比，文化方面就像是小學生和博士比，武藝方面就像是賈寶玉和孫悟空比。」

心理醫生：「哦，那……比老婆呢？你的老婆總比他們的漂亮吧！」

慕容皝：「也沒有。他們的老婆都如花似玉，我的老婆是別國聯姻來的，長得很醜不要又不行。」

心理醫生：「啊！做男人做到這個份兒上真是悲哀啊！那……」

慕容皝：「好了，你別再問了，我真的沒有比他們強的了，我走了！」

慕容皝大哭著奪門而去。這位心理醫生慌忙去拜會慕容翰，他正是慕容翰最好的朋友，慕容翰聽了這位心理醫生的敍述之後長歎道：「不可否認我打了不少勝仗，又有文化武功又高，長得也帥，難道這也有錯?!我所做的一切都是爲了國家，爲了不讓父親失望啊！怎麼他會想這麼多呢？不行，我得閃人，不能在這裡等死。」慕容翰於是帶著自己的兒子去投奔了段氏部落。段遼正是段氏部落的首領，他對於慕容翰的才能和英雄事跡已是早有耳聞了，很希望能將慕容翰留在自己這裡爲他所用，對慕容翰和他的兒子照顧得非常好。

不久之後，段遼的弟弟段蘭和段遼慕容皝打仗，結果落得個慘敗的下場。這一敗不要緊，嚇得段遼也不敢跟慕容皝對抗了。一天晚上段遼收拾好行李之後，叫醒了妻子和兒女，約好了關係好的有錢人一起逃跑去密雲山，他們趁著夜色神不知鬼不覺地悄悄出了門。長夜漫漫，慕容翰心事重重本就睡不著，於是坐在門口乘涼，卻見好多黑影走了過來。

慕容翰：「誰啊？深更半夜鬼鬼祟祟地想幹嘛？還躲，再躲我就射箭了啊，我的箭法可是很準的哦。」

段遼：「別，別射！是我，我是段遼。」

慕容翰：「啊，段兄啊原來是，這麼晚了你怎麼穿得這麼整齊到處亂跑呢？」

段遼：「呃……我是出來上廁所的。」

慕容翰：「深夜出來上廁所還帶著這麼多人出來一起，段兄真是能人所不能啊！」

段遼知道沒辦法再瞞下去了，於是走上前來拉住慕容翰的手大哭道：「我弟弟被慕容皝打敗了，我拖家帶口的也不好和慕容皝作對了，我這是要去逃奔密雲山，我沒用，害得你無處安身。我後悔當初沒有聽你的話，是以才自取滅亡，我深感沒臉見你，這才留下一封信想要離開的。」

慕容翰：「我明白的，段遼兄不必太在意，一路順風。」

段遼拖家帶口地走了，慕容翰便又向北去投奔了宇文部落。

宇文部落的首領名叫宇文逸豆歸，雖然名字又長又可愛，但人卻不怎麼樣，他也一直以來嫉恨著慕容翰的名聲。寫至此處，作爲一名長久以來因爲帥而遭人嫉妒的作者，我不禁要再次疾呼一聲：「難道帥真的有錯嗎?!」現在，我非常理解當時慕容翰的心情。當時的慕容翰只得裝瘋賣傻，一方面以求自保；另一方面便於自己調查宇文部落的情況。他狂飲爆食，隨地大小便，光天化日之下調戲良家男子，街上走來美女卻看也不看一眼，還對人家吐口水；他在垃圾堆裡面找東西吃，有時他又在街上隨便一個地方用粉筆寫上好多淒慘的故事假裝要飯的。宇文部落的人再也看不起他了，小女生們再也不把他當作偶像了，宇文逸豆歸也不再嫉妒他了，無論他出現在哪裡，人們都不覺得奇怪了，再也不對他進行審查看管了。於是軍營、糧草重地、重要設置、山川河流等處都留下了他瘋瘋癲癲的身影。而他已將所有的這一切都暗暗記在了心中。歲月的磨礪會讓人變得成熟，慕容皝也是，他終於明白了當初慕容翰逃亡的原因並非是因爲要叛亂，而是因爲猜疑，他也明白了雖然慕容翰現在身在異國他鄉，心中想著的依舊是燕國。慕容皝於是派了跨國大商人王車前去宇文部落，經商是王車的身分，而他的真實目的是去確定慕容翰的真實想法。

風，吹著慕容翰髒亂的頭髮和襤褸的衣衫，他站在大街中央看著王車默默不語，背景音樂響起，是孟庭葦的《手語》。慕容翰舉起手來拍拍胸脯，然後又點點頭。慕容皝明白慕容翰是想要回燕國了。他再次派了王車前往宇文部落，這次給慕容翰打造了一把強弓，和好多又長又粗的箭。王車將弓箭埋在路旁，然後用傳紙條的方式告訴了慕容翰弓箭的所在。西元三四二年二月，慕容翰牽走了宇文逸豆歸的寶馬，帶著他兩個兒子去找到了弓箭，然後一起逃往燕國。宇文逸豆歸發現之後，立刻派兵追擊，還真給快追上了。

慕容翰：「我只是回家而已，你們幹嘛要追我？」

士兵：「追你不需要理由，年輕，沒有什麼不可以！」

慕容翰：「雖然這幾天我瘋瘋癲癲，但那都是假裝的。告訴你們，我的本領可是不減當年哦！還追，還追？」

士兵：「別騙我們啦，光天化日之下在大街上調戲良家男人的人。今天我們非要抓你回去領賞。」

慕容翰：「爲什麼，爲什麼你們非要逼我出手？我不想傷害你們，你們是無辜的！」

士兵：「你傷害我們啊，來傷害一下試試看哪！」

慕容翰順手拿出他的三石多重的弓，放了一支加長加粗的箭在上面，將弓拉得滿滿的，大喊一聲：「插一把刀在地上！」一個士兵順手插了一把刀在地上，刀還沒有站穩，慕容翰的箭就射中在佩刀環上，那些士兵慌忙扭頭而逃。慕容翰終於順利回國，這次他受到了慕容皝的熱情接待。

是年十月的一天，慕容翰又去找慕容皝。慕容皝見慕容翰來了，慌忙要東躲西藏，情急之下便要往桌子下面鑽，卻已被慕容翰看到。

慕容翰：「大王，幹嘛躲來躲去的？」

慕容皝：「沒，我去桌子下面插一下滑鼠來著。你是不是又要給我講兵法和治國啊，我真的聽不懂，你就不要給我講了吧，好不好？」

慕容翰：「今天我來不是給你講這些的，大王不是很想入主中原麼？」

慕容皝：「啊，難道你有辦法了？快說來聽聽！」

慕容翰：「接下來這段臺詞比較長，大王請注意打起精神。要想入主中原，我們需要先處理了宇文部落和高句麗國。宇文部落比較強盛，一直都是我們的心腹大患。不過宇文逸豆歸謀權篡位，宇文部落人心不服。而他又沒有什麼領導才能，自己愚昧，手下的大將們也都是些庸碌無爲的人。他們對於打一場戰爭的準備幾乎沒有。大王我真的不是在說你哦！我在他們那邊玩了那麼久，對他們的地理形式，軍事設施等熟悉得很。都說他們依附著強大的羯族，事實上羯族人離他們好遠的，照我們這個年代的通訊方式，打起仗來根本就來不及通知得到。綜上所述，我們現在要滅宇文部落定會戰無不勝。再來說說高句麗國吧，高句麗國離我們非常的近，一直在虎視眈眈著我們，可他們的勢力根本就不堪一擊，虎視眈眈我們頂多也就是像隻貓兒在虎視眈眈一隻老虎一樣的。然而我們應該先攻打他們中的哪個呢？」
慕容皝：「是啊，哪個呢？」
慕容翰：「謝謝大王你還醒著。應該先攻高句麗國，因爲他們明白一旦宇文部落被我們滅了之後就輪到他們頭上了，所以他們肯定會趁我們進攻宇文部落的時候乘虛而入地襲擊我們。我們留的兵馬少了又沒辦法應付他們，我們留的兵馬多了又會減弱攻擊宇文部落的力量。而宇文部落只求保著自己的一畝三分地過日子，我們攻擊高句麗國他們定會袖手旁觀，吃著爆米花看好戲。滅了高句麗國之後，再滅了宇文部落，到了那個時候，我們的疆域就可達至東海邊，到時候我們地盤大，力量大，就可以圖謀中原了。你說好不好啊？」
慕容皝：「好激動，好興奮，到時候普天之下，都是我們的土地了。那……該是多麼美好的事情啊！」
慕容翰：「大王，大王……基本上目前我們還只有燕國這一小塊地方。」
慕容皝：「哦……原來剛剛的都只是想像。不過你說得很對，就照你說的辦！」
之後，慕容皝發兵襲擊高句麗國，宇文部落觀望之中，高句麗國被一舉搗毀。
晉康帝建元元年二月，宇文逸豆歸派宰相莫淺渾帶領軍隊去攻打燕國。燕國將領想要帶兵衝上去迎戰，慕容皝制止了他們。莫淺渾以爲燕國怕了他了，就擺酒設宴喝得大醉。慕容皝命慕容翰帶兵出擊，莫淺渾的部隊全線潰敗，莫淺渾一個人逃回宇文部落，其餘人全部都做了慕容翰的俘虜。

晉康帝建元二年正月，慕容皝親自率領部隊攻打宇文部落，慕容翰爲前鋒將軍。宇文逸豆歸派涉夜干率兵迎戰，慕容皝對慕容翰說涉夜干非常勇猛，最好能避其鋒芒先行躲避一下。慕容翰覺得涉夜干被稱爲宇文部落最勇敢最能打仗的人，是宇文部落的靈魂人物，就像他們的耶穌一樣。如果能把涉夜干幹掉的話，宇文部落也就潰敗了，而事實上涉夜干也是很好對付的，勇往直前怎麼能應付得了陰險的計謀呢？慕容翰於是親自帶兵衝鋒陷陣，從側翼攔擊了涉夜干，涉夜干戰敗被斬殺。宇文部落的部隊不戰而逃。燕軍一路追擊，直搗宇文部落的都城。宇文逸豆歸逃跑了，可他跑也不知道跑個山清水秀的地方，竟跑進了大沙漠之中，就掛在了那裡，宇文部落從此頹敗。

韓冬 Say

將領是戰爭中最爲重要的因素，他的心理素質、文韜武略、性格因素甚至是長相決定了戰爭的成敗。慕容翰受了猜忌和冷落之後，依然能爲國家著想，在逃難期間完成對敵方情況的刺探工作，全賴有一顆愛國之心，有夢想支撐著他。我們不應該懼怕對手，這應該建立在我們對對手充分的了解上。我們不會懼怕對手，因爲我們了解對手，知道怎樣戰勝對手。

爆笑版實例三

一群外國旅客——

北魏時期，葛榮起義失敗之後，北魏內部亦發生了大亂，爾朱榮、胡太后和孝明帝在內亂中互相殘殺，最後北魏的實權落到了兩員大將高歡和宇文泰之手。西元五三四年，北魏的孝武帝逃到長安投靠宇文泰，宇文泰做掉了他另立了文帝。高歡另立了魏孝靜帝，遷都至鄴城。北魏分裂成了兩個朝廷。歷史上將建都在長安的稱爲西魏，在鄴城的稱爲東魏。自此之後，宇文泰和高歡兩人之間也進行過好多次的鬥爭，兩人都是打仗出身，是以他們之間的爭鬥就顯得尤爲出色。

西元五三六年，東西魏交兵，東魏高歡敗於宇文泰，而且還掛了一員名爲竇泰的猛將兄。高歡非常生氣，後果也非常嚴重。次年他親自率領了二十萬大軍從壺口直逼蒲津，另外還派了高敖曹帶著三萬兵馬出河南，來聲援他。聲勢非常之囂張，誓雪上次兵敗之恥。

這個時候的關中地帶連年遭災，宇文泰的日子過得緊巴巴的，將士總共不到一萬，在恒農搶收糧食五十多天了，忽然聽說高歡帶了那麼多人前來，急忙帶著自己的部隊進入潼關自保。而高敖曹則進圍恒農。高歡率領著部隊到達了蒲津，正準備繼續往前衝的時候，有人拽住了他的馬，回頭一看，原來是他手下的長史薛同志。

高歡：「幹嘛踩剎車啊？有什麼好介紹的麼？」

薛同志：「你還要走啊？你沒有看新聞麼，西魏這邊連著好幾年不是旱災就是蝗災，鏡頭裡的人個個都皮包骨。他們到恒農就是去搶糧食的。現在高敖曹包圍了恒農，糧食沒辦法運給宇文泰了，只要我們派兵將所有的重要路口把守，不讓糧食進去，到時候宇文泰自然會和文帝一起出來投降的。我覺得我們還是不要繼續往前走了，佈置一下在什麼地方設路障和關卡才是真的。」

高歡：「我們是部隊，不是交警，雖然都穿制服戴大簷帽，但是不同的兩個系統的。我們是來打仗的，你不必再說了，繼續前進！」

高歡剛要往前走，發現馬又被拽住了。

高歡：「又是誰啊？都說了不要亂踩剎車的！」

侯景：「丞相，是小弟弟我啊！上次我們已經打了敗仗了，這次我們出兵來報仇，搞得聲勢很大，全中國都知道了。如果這次再敗了的話，我們可就真的沒臉了。不如將部隊分成兩批，後面的跟著前面的行進，如果前面的部隊打了勝仗，後面的就一擁而上砍了宇文泰；那如果前面的部隊打了敗仗需要逃跑的話，後面的也好搞個接應什麼的。」

高歡：「愚昧！宇文泰那麼點部隊，又都是難民，我們這麼多人還怕他？繼續前進。」

高歡發動了馬繼續往前走渡河西進。

宇文泰從潼關入返回渭南，各地的部隊都還沒有到齊，在渭南的部隊數量非常有限，宇文泰決定就拉著現有的部隊前去迎戰高歡。

將軍甲：「不好吧！丞相，這麼點人怎麼跟人家拚啊！要不我們等各地的部隊來了再說？」

將軍乙：「就是，連孫子都說了應該觀察敵人的情況，再有行動才對的。不如我們先待在這邊看看對方想幹什麼吧！」

宇文泰：「對方想幹什麼很明顯啊！就是想幹我們。而他們目前的行動就是長驅直入了，如果給他們逼近長安，嚇到老百姓的話，那就不好了，即便嚇不到老百姓，嚇到花花草草也不好啊。現在他們從遠方而來，人困馬乏的，這個時候是最可能占到他們便宜的時候。」

將軍乙：「可是孫子說……」

宇文泰：「好啦，你跟孫子再熟有我和他熟麼?!」

宇文泰下令部隊在渭河之上建造了浮橋。爲了行軍能夠快速，只允許將士們在身上背三天的口糧，別的什麼都不許背，包括女朋友的照片。他們快速渡河之後，在離東魏軍六十里地的沙苑列陣。宇文泰派手下的達奚武帶領著三名騎兵去敵營軍中偵察情況。騎著馬去刺探敵營的狀況，何其囂張啊！達奚武他們假裝成旅遊團，一個人帶著一頂小帽子，手中還舉著一個上面寫著「韓冬親友團」的小旗子，又將自己化妝成洋人，胸口掛著個紙糊的相機，就去了高歡營中。高歡營中的將士們見有外國友人來旅遊，紛紛好奇地看著他們，並自覺地讓開路讓他們到處逛，每當達奚武他們舉起胸口的相機時，那些士兵還會故意跑到鏡頭裡面來喊「茄子」。完成任務之後，他們快速返回營中，向宇文泰詳細地報告了高歡營中的情況。宇文泰背水擺陣，讓一小部分人馬迎敵，大部人馬藏在蘆葦叢之中，吩咐他們聽到鼓聲就衝出來砍。兩軍交兵，東魏部隊見西魏兵這麼少，都爭著搶著往前衝，高歡擺好的陣形立刻就亂了。宇文泰親自敲響戰鼓，蘆葦叢中的將士們兩三個箭步衝了出來，殺入東魏軍，東魏軍被截成兩段首尾不能相顧。高歡見陣形亂了，想重新組織部隊排一下隊，喊了好多聲卻就只跑過來了幾個人，他的部隊早就已經如鳥獸散了。

韓冬Say

別怕，一旦你害怕了對方，在氣勢上已經輸了。要想贏得對方首先要在思想上強於對方，這點很重要。再強的敵人也有他的弱點。至少會有一個弱點：他很強，他鄙視你。只要心中夢想不滅，總有機會有方法戰勝他的。

行軍篇

打仗一般都是在室外，室內的那種我們一般稱之為打架。室外的地形千變萬化，有長長的小河、綠綠的森林、希望的田野等等，打仗是一個技術性很高的事情，會影響到最終結果的有很多因素，其中不同條件之下如何率領部隊就很重要，在本篇中有詳細的描述。

一個人的表情和行動都明白無誤地會表現出他的內心，除非他是個癡呆或者植物人。怎樣透過敵人的行動來探詢敵軍的真實情況呢？他們一見我們扭頭就跑，真的是因為我們長得那麼難看嗎？本篇也會給予詳盡的分析。

哪怕你是超人，你是托塔李天王，靠你一個人還是不可能搞定敵人十幾萬大軍的。打起來的時候，真正起作用的還是一個個衝鋒陷陣的士兵。要讓他們敬畏和擁戴你並且能聽你的，就需要你平日裡做足工作了。

原文

孫子曰：凡處軍、相敵：絕山依谷，視生處高，戰隆無登，此處山之軍也。絕水必遠水；客絕水而來，勿迎之於水內，令半濟而擊之，利；欲戰者，無附於水而迎客；視生處高，無迎水流，此處水上之軍也。絕斥澤，唯亟去無留；若交軍於斥澤之中，必依水草而背眾樹，此處斥澤之軍也。平陸處易，而右背高，前死後生，此處平陸之軍也。凡此四軍之利，黃帝之所以勝四帝也。

凡軍好高而惡下，貴陽而賤陰，養生而處實，軍無百疾，是謂必勝。丘陵堤防，必處其陽而右背之，此兵之利，地之助也。上雨，水沫至，欲涉者，待其定也。凡地有絕澗、天井、天牢、天羅、天陷、天隙，必亟去之，勿近也。吾遠之，敵近之；吾迎之，敵背之。軍行有險阻、潢井、葭葦、山林、蘙薈者，必謹覆索之，此伏奸之所處也。

敵近而靜者，恃其險也；遠而挑戰者，欲人之進也；其所居易者，利也。眾樹動者，來也；眾草多障者，疑也；鳥起者，伏也；獸駭者，覆也；塵高而銳者，車來也；卑而廣者，徒來也；散而條達者，樵采也；少而往來者，營軍也。辭卑而益備者，進也；辭強而進驅者，退也；輕車先出居其側者，陳也；無約而請和者，謀也；奔走而陳兵者，期也；半進半退者，誘也。杖而立者，饑也；汲而先飲者，渴也；見利而不進者，勞也。鳥集者，虛也；夜呼者，恐也；軍擾者，將不重也；旌旗動者，亂也；吏怒者，倦也；粟馬肉食，軍無懸缻，不返其舍者，窮寇也。諄諄翕翕，徐與人言者，失眾也；數賞者，窘也；數罰者，困也；先暴而後畏其眾者，不精之至也；來委謝者，欲休息也。兵怒而相迎，久而不合，又不相去，必謹察之。

兵非益多也，唯無武進，足以并力、料敵、取人而已；夫唯無慮而易敵者，必擒於人。卒未親附而罰之則不服，不服則難用也；卒已親附而罰不行，則不可用也。故令之以文，齊之以武，是謂必取。令素行以教其民，則民服；令素不行以教其民，則民不服。令素行者，與眾相得也。

另類譯文

孫子教導我們說：在各種不同的地形之下，處置軍隊和判斷敵情有以下的注意事項。

山地，所謂山地就是有高有低的地方，而且這個高還不是一般的高。通過山地的時候，我們應該依靠有花有草的地方，這樣馬才有草吃而不至於跑去投靠敵軍，同時還可以陶冶官兵們的情操。同時還應該將部隊駐紮在向陽的高處，據科學研究，曬一個小時的太陽等於吃五個蛋，駐紮在向陽的地方就等於讓將士們不停地吃著蛋。敵人已經佔領了高處的時候，我們不應該仰攻上去，因為眾所周知，爬山是一項很耗體力的運動，終於爬上山頂了，人也累倒了，正好被敵人逮個正著了。

江河，所謂的江河就是有夾在兩岸中間的又長又深的水。駐紮部隊的時候應該注意離水遠一點，因爲一般來說，人並不是水陸兩棲動物，大部分人一下水除了喊救命就做不了別的事情了，而且晚上聽著流水聲睡覺很容易尿床的，這樣會讓將士們很沒面子而大大地影響戰鬥力。駐紮在水邊除了洗衣服方便一點之外，實在是一點好處都沒有，而打仗的過程中，通常我們不應該太注重外表，畢竟這不是相親。敵人淌著水想過來打我們的時候，讓他們先走，等他們走到河中間的時候，再衝過去扁他們，而不要在他們一下水就衝出去，免得他們可以一扭頭就上了岸。如果要和敵人決戰，也不要在水邊擺陣，這樣很容易失足落水的。同時在江河地帶駐紮也應該居高向陽，最好不要面對著水流駐紮，整天看著水流很容易暈的。

鹽鹼沼澤地帶，所謂的鹽鹼地就是鹽和堿含量過高的土地。它們通常都是白色的，很喜歡腐蝕球鞋和馬蹄子。所謂的沼澤地就是水含量過高的土地。它們通常都是灰黑色的，很喜歡讓人和馬一腳深一腳淺地走路。到了這樣的地帶我們應該怎麼辦呢？改良土地麼？顯然沒時間，最好的辦法就是快速通過，然後有多遠跑多遠。如果不幸和敵人相遇在這樣的地方，那就應該迅速地找到這樣的地方然後行動過去：靠近水草而且背靠樹林。

平原，所謂平原就是平平的原野。這種地方是大家都喜歡的，因爲大家都很適應這樣的地方，所以更加應該佔據有利地勢了。在平原上的有利地勢是：前方開闊，兩側海拔較高，面前的地域比站著的地域海拔低，這樣衝下去的時候也比較省力氣。

上面我們講了四種處軍的原則，黃帝之所以能夠戰勝其他那麼兇猛的四帝，就是因爲明白上述四種處軍原則的結果。大家切記，一般人我都不告訴他。

一般來說，駐紮我們總喜歡乾燥的高地，避開潮濕的窪地，可避免得風濕；重視向陽的地方，避開陰暗的地方，一方面可以不停地吃蛋；另一方面也可以起到好陽光好心情的作用；靠近水草的地方，馬有草吃人有水喝，將士們身體好心情好，這樣就有了勝利的保障。在丘陵堤防這樣的地方行軍，要搶到向陽的一面佔據它，並把實力最強的側翼背靠著它，這樣會很有安全感。這樣對作戰有利，是得到了地形的輔助。忘了說，如果江河上游下了大雨，就會有洪水，水面上會沖來草木、碎末、塑膠袋、衛生紙什麼的，如果想淌著水過河應該等一等，到水勢趨緩這些東西都沖走的時候再過。

凡是遇到或者要通過「絕澗」、「天井」、「天牢」、「天羅」、「天陷」、「天隙」這幾種地形，必須要迅速離開，不要接近。就光只是看名字就知道這些不是好地方了，到底有多不好呢？下面分別解釋一下。

絕澗：兩邊懸崖峭壁，中間是高深莫測的水流。上，上不去，跑，跑不掉，恐怖啊！

天井：四周都是高地，中間是低窪，就像臉盆一樣。如果正好碰上傾盆大雨，敵人再用抽水機往裡頭灌水的話，就被活活淹在裡頭了，太恐怖啦！

天牢：連綿不絕的群山環繞，有進無出。牢房很恐怖吧，更何況是天牢，如果進到裡面堪稱淒涼啊！

天羅：到處都是駱駝刺、沙棗刺、仙人掌、情花……什麼植物有刺這裡就長什麼植物。人馬走進去只聽一片啊啊的叫聲，出來的時候渾身都是刺。想想都覺得害怕。

天陷：這裡不但是天井，而且是前幾天剛剛被大雨澆透了的天井。人一進去，半截身子就陷到泥裡頭的那種地方。別說快速行軍了，能活著出來就已經很不錯了。

天隙：一座大山不知道是什麼原因，可能是地震，也可能是被愚公挖了，總之是中間隔了一道縫，兩邊都很想合攏回去，這個縫就愈來愈窄。部隊在其中行走，不但大家心情壓抑，而且稍微胖一點的人還很容易被卡住，需要戰友不時地從後面推……

現在大家應該明白這些地方都不是什麼好地方了吧。基本上我們應該做到好的東西留給自己，不好的都給敵人。所以碰到這些地方的時候，我們應該快速閃開，想辦法讓敵人靠近它；我們應該面對這些地方，而讓敵人背對這些地方，一個不小心就掉進去。行軍過程中如果有險山阻擋，低窪積水，草叢茂密，原始森林這樣玩捉迷藏的時候很好用的地方的話，必須要反覆地搜索，提高警惕，這些都是敵人和奸細埋伏躲藏的好地方，實在不行就放火或者放箭。

敵人就在我們眼前，但是他們卻靜若處女，這是他們倚仗著自己的有利地形等著我們去打；敵人離我們八百里遠，但卻整天用千里傳音大法喊著要打我們，這是想引誘我們出動；敵人之所以駐紮在平坦的希望的田野上，是因爲平坦的地方對他們有好處，或許是他們集體患有重度恐高症，只要海拔超過一米就會頭暈。沒有颳風也沒有伐木工人工作，但是樹木卻分明是在搖動，這不是幻覺，而是敵人從樹林子裡面悄悄前來了；草叢之所以稱之爲草叢，是因爲它只長著草，現在卻忽然在其中發現了好多蘑菇、鐵樹、電網、煙幕彈等，這些顯然都不是自己長出來的，而是敵人布下的疑陣；本來現在是鳥兒們的午休時間，牠們卻忽然集體高飛，那是下面有敵人的伏兵；連老虎都嚇得往前狂奔，顯然是有人來了，而且不是一個人，如果是一個人的話就會是人在狂奔了，這可以判斷得出來敵人大舉突襲；塵土飛起來了，樣子高高的尖尖的就像少女的胸部，這是敵人的戰車來了；塵土又飛起來了，樣子低低的寬寬的就像男人的胸部，這是敵人的步兵開過來了；塵土再次飛起來了，樣子縹緲飛揚的就像老爺爺的鬍子，這是敵人拉著柴火往前走呢；塵土還要飛起來，樣子時起時落的就像小孩子用鼻子吹的泡泡，這是敵人正在紮營。這些都是通過無數次的觀察總結出來的，準確率達到百分之九十九。

敵人派來的使者言辭極賤，而敵人那邊又在磨刀備戰，這是要準備進攻了；使者不但氣勢洶洶而且還敢問候我們將領的全家，敵人那邊也做出要打過來的樣子，這是他們準備要撤退了；三輪車先出動，部署在兩側的，這是敵人在布陣；打都還沒有打，敵人就派人來投降講和的，是另有陰謀想要趁我們不注意而偷襲的；敵人列著陣快速向我們奔跑過來，並不是因爲想我們了，而是企圖要和我們決戰；敵人要走又不走的半推半就的樣子，是想要引誘我們去打他們的。

敵兵有長矛的靠著長矛站著，有弓箭的拄著弓箭彎著的，是餓了的表現；送水的士兵打了水自己先搶著喝的，是渴了的表現；敵人看到我們人馬不帶兵器地出去散步也不來打的，是因爲疲勞打不動的表現；敵人的營寨上空好多鳥兒飛來飛去而沒有被彈弓打的，下面肯定是空營；敵人晚上愛做噩夢大喊大叫的，是驚恐的表現；敵營亂傳閒話，隊伍一團亂麻的，是敵軍將領沒有威嚴的表現；旗子沒規律地亂搖亂晃還被用來擦鼻涕的，是敵人隊伍已經混亂的表現。敵軍將領易怒愛發脾氣的，是到了更年期的表現，如果是男將領的話就是全軍疲憊的表現；用大米餵馬，馬剛一開心就被殺了吃，裝水的器具也被砸了，士兵們也都不回營房在外面喝酒吃肉的，是要和我們拚命的表現；低聲下氣求爺爺告奶奶的和部下說話的，是敵軍將領失去人心的表現；天天給士兵們發獎金的，是敵軍沒有辦法的表現；天天打罵體罰士兵的，是敵人處境困難的表現；先打罵士兵接著又說好話的，是豬腦袋將領的表現；派了心腹送銀子送女人給我們言和，是敵人想休兵的表現；如果敵人哭著喊著跟我們對陣，沒打幾下又跑了的，得自己觀察他到底想幹什麼，是不是真的頂不住了，還是想去上廁所了，還是想引誘我們進包圍圈。

打仗並不在於人愈多愈好，即便有一百萬士兵，但是卻都不聽你的話，不但打不了勝仗還有可能被自己的士兵群歐，被一百萬人群毆那該是多麼壯烈的一個場面啊！所以說只要你指揮鎮定，能夠集中兵力，正確地分析敵情，而手下的人也都能聽你的，這樣也就足夠打仗的了。像那種既沒有深謀遠慮而且還輕視敵人的都是被俘虜的主兒。士兵們還沒有適應部隊生活的時候就體罰人家，他們當然就會不服，不服就不會聽你的，你讓他摘西瓜他當然會給你抱個茄子回來。士兵們已經適應部隊生活了，如果紀律不夠嚴明也不能用來作戰。總之，要像春天般的溫暖那樣對待他們讓他們愛上你，要像冬天般的嚴寒那樣執行紀律讓他們步調一致，這樣就可以得到部下的敬重和擁護。平常嚴格執行命令管教士兵，士兵們就可以養成服從的好習慣；平常不嚴格管理，在戰場上喊破喉嚨也沒有用。平常的命令都可以貫徹執行好的，說明將帥和士兵之間的關係很融洽，可以先讓他去幫你摘個西瓜來先，看看他抱來的是什麼。

爆笑版實例一

城牆頂上的脫衣舞

唐明宗李嗣源死後，由他的兒子李從厚繼承王位，史稱閔帝，這閔帝本身年紀小，再加上又沒什麼主見，朝政就由朱弘昭和馮斌兩人把持了。這兩個人也沒有什麼才幹，只知道排除異己保證自己的官能做得穩當。他們兩個最害怕的就是跟隨唐明宗一生南征北戰立下赫赫戰功的李從珂，於是開始想辦法除去李從珂。他們先是將李從珂的兒子貶出京城，弄到了一個邊緣的地方去搞訓練工作，又將李從珂的一個正在做尼姑這份很有前途的職業的女兒李惠明召進宮來做了人質，最狠的就是讓別人去做鳳翔節度使替代李從珂的位子，收繳李從珂的兵馬。

讓兒子去上山下鄉他忍了，讓女兒冷鎖深宮他也忍了，讓他被別人替代了這就沒辦法再忍下去了。正所謂「忍無可忍，無需再忍」，李從珂立刻召集了手下人來商討應對之策。

下屬一號：「換節度使這麼大的事情竟然只是口頭傳達，太兒戲了吧。」

下屬二號：「我覺得這些都不是皇上搞的，他還那麼年幼，根本弄不出這樣的大手筆來。肯定是朱弘昭等人的教唆。」

李從珂：「這一點非常明白了，目前我們應該怎麼辦呢？」

下屬三號：「很簡單啊，兩個選擇，交或是不交！」

李從珂：「其實，這一點我明白的。有沒有具有建設性點的意見拿出來？」

下屬一號：「擺名了朱弘昭他們是要把你往死裡弄的，目前你還有兵馬有勢力，他們不敢明著來，一旦你交了的話，不但你，你們一家人就都死定了！」

李從珂：「等的就是這樣的話，好，反了！」

當天晚上李從珂即印刷了無數的傳單散發了出去，傳單上寫的是篇戰鬥檄文，以清君側除奸臣爲名義，號召大家共同出兵進攻首都，做掉朱弘昭等惡人。李從厚立刻派王思同領兵前往討伐，王思同結集了各路人馬一同圍攻鳳翔城。

這鳳翔城並非重鎮，而之前李從珂也沒有做任何工事上的防禦準備。護城河還是那條經常有小孩在裡面洗澡，有婦女在裡面洗衣服的淺淺的小河，城牆依舊是那條撐杆跳運動員可以一躍而過的城牆，王思同人馬又多，沒多久鳳翔城東西關的小城就先後失守了。李從珂官兵傷亡慘重，王思同直逼鳳翔城下。李從珂站在城牆上看著外面慘狀的景象，恨自己沒有早做準備，難道真的要在這裡讓自己的腦袋和身體分家麼？那一刻他真想從城牆上飛身跳下，但是他明白，城牆這麼矮，即便跳下去也頂多只能摔個半身不遂，如果是臉朝下的話還可能會被毀容，那就大大地划不來了。

城下王思同的兵馬愈來愈近了，近到他幾乎都可以看清楚官兵的臉了。咦，那張臉龐怎麼會那麼熟悉，在哪裡在哪裡見過你，不是小韓嘛那個，他旁邊那個不是小劉麼。李從珂看到了愈來愈多他以前的部下在王思同的部隊裡面，大喜過望，立刻就脫掉了自己的上衣。

小劉：「他這是要做什麼啊，怎麼忽然脫起衣服來了？」

小韓：「會不會是想用他的肌肉吸引我們的注意力或者讓我們自卑，失去戰鬥力呢？」

李從珂在城牆上大哭起來，哭的聲音非常大，哭聲迴盪在鳳翔城內外的上空，吸引了所有人駐足觀看。李從珂又用毛筆將自己身上的一個個傷疤都標記了出來，他抹了一把眼淚鼻涕道：「我還是個青少年，尚未發育完全的時候就跟隨著先帝東征西戰，四處奔波，我出生入死，毫無怨言。人生最美的青春年華就在戰場上度過了，人世間最美的東西——愛情我都沒有享受到。搞到現在遍體鱗傷，你們中的很多人也曾跟隨我隨先王一起征戰過，爲國家立下了汗馬功勞。如今朝廷奸臣當道，你們卻被他們所利用來致我於死地，你們怎麼能下得了手啊，我又有什麼罪呢？」李從珂愈說愈傷心，愈哭愈奔放，最後竟兀自趴在城牆的跺口上哭得死去活來。

城下的將士們都被他感動了，比較多愁善感一點的都哭了起來。將領中有一個叫楊思權的羽林指揮曾在李從珂手下幹過，交情很好，而且楊思權和朱弘昭有一些過節，他見此情況立刻喊道：「您才是我們真正的老大吶！」很多將士齊聲喊出了這句話。楊思權拿出一張白紙給李從珂，讓他在攻下京城之後任命他為節度使，李從珂知道這只是空頭支票，於是非常爽快地寫下了讓他做節度使的字據，楊思權帶兵從西門入，認李從珂做老大。正在攻打東門的尹暉也帶兵歸順了李從珂。前來歸順的將士像趕集一樣絡繹不絕，剩下沒歸順的部隊很快就被擊退了。李從珂將城中所有的財物拿出來犒賞各位將士，接著他又發佈命令：凡是能活著攻進京都洛陽的，賞錢十萬文，將士們非常受鼓舞，都喊著：「發財啦，發財啦！」

閔帝見王思同傷痕累累地一個人逃了回來，非常恐懼。又派了侍衛親軍都指揮使康義誠帶領著兵馬去討伐李從珂。康義誠發誓不滅了李從珂決不回來，然後就帶著大隊人馬雄赳赳氣昂昂地出發了，到了李從珂那邊，兩人怒目而視了幾分鐘後，忽然微笑著上去握手合影，還互相發煙抽——康義誠也全軍投降了，更過分的還是他帶領著李從珂一路殺到了洛陽。太后被逼無奈之下，下令廢除了閔帝，立李從珂為帝。李從珂開始兌現自己當初許下的犒賞士兵的諾言。打開國庫之後才發現裡面空空如也，只有牆縫裡面有幾枚硬幣。

李從珂：「我靠，太過分了吧！這是國庫麼，怎麼比叫花子還窮。」

大臣：「朱弘昭他們把錢全都花光了，吃吃喝喝，大搞修建，置辦坐騎，找小姐等等。」

李從珂：「這下完了，犒賞士兵的費用至少也要五千萬文啊！去哪弄這麼多錢去呢，看來只有搜刮了！」

李從珂開始搜刮民脂民膏，逼得百姓們上吊投井咬舌。他又把宮廷裡面值錢的東西都拿出去賣了，包括太后和妃子們的髮簪耳環什麼的都拿出去了，總共才湊了兩千萬文。湊得這麼辛苦卻還差五分之三，李從珂實在無計可施了。

他身邊的一個學士說：「別想了，天上是不會掉錢下來的。治理國家關鍵在於修法度、立綱紀，人的欲望是填不滿的。」

李從珂：「說得有道理，現在我覺得凡是不用花錢的事情都很有道理。」

李從珂於是不再對士兵進行犒賞，但他又不敢制定太過嚴明的法律和制度，他怕士兵們發生叛亂。對士兵們見了上級不敬禮，公然調戲良家婦女，搶人民群眾的財務等亂紀行為也睜一隻眼閉一隻眼。

三年之後，河東節度使石敬瑭又造反了。李從珂的部隊一直以來治軍不嚴，派出去之後一點戰鬥力都沒有，被石敬瑭打得落花流水，石敬瑭直搗洛陽。李從珂只得登上高樓舉火自焚。他便是後唐的最後一位皇帝。

韓冬 Say

這裡已經涉及到了將領如何對待屬下的問題。天天打罵體罰苛扣工資？你遲早會被他們捆了送給敵人的；好吃好喝招待一味遷就？這樣的部隊是不可能打勝仗的。從李從珂的一勝一敗，我們也看得出來這一點的重要性。「令之以文，齊之以武」乃是最好的解決方法。

江山・殘陽・血

西元前五七五年四月，晉厲公叫了齊國、宋國、魯國和衛國一起去攻打搶劫鄭國，並約定打勝之後有銀子和女人分。鄭國老大道：「難道只有你會叫人啊！」於是打電話叫了自己的盟友——楚國前來幫忙。兩方軍隊在鄢陵相遇。鄭楚聯軍有兵車五百三十乘，將士九萬三千左右，而晉軍有兵車五百，將士五萬多一些。晉軍先到的鄢陵，而他叫的齊、宋、魯、衛各位幫手有的在路上走著，有的還在家準備傢伙。楚共王見只有晉軍到達，人和車都比不上鄭楚盟軍，就想先發制人擊潰晉軍，於是下令部隊在晉軍大營附近擺兵列陣。

晉厲公讓秘書安排一個時間，他準備和眾將領、謀士們一起登高查看楚軍軍佇列陣情況，以便研究決定作戰計劃。

第一天，秘書安排好了時間，眾將領和謀士們都到了山頂之上。晉厲公帶領著大家一起觀察楚軍的情況，觀察了不到幾分鐘，大家就發現什麼都看不見了。

晉厲公：「怎麼回事？爲何什麼都看不見了，我的眼睛看不見了……太醫！」

秘書：「大王，看不見是因爲天黑了。」

晉厲公：「你是怎麼安排時間的，這麼快天黑，我們怎麼查看敵軍情況？」

秘書：「是我有意安排在夕陽西下之時的，遠處是如血的殘陽，大王帶著眾將領在山頂上指點江山，這個場景很愜意很拉風的。」

晉厲公：「我們是要打仗，是要辦實事，不是在拍電影！」

秘書：「是是是，明天，我一定安排好時間。」

第二天，秘書安排的時間是午飯後的一個小時之後。晉厲公又帶著眾人爬上了山頂，觀察了不到幾分鐘忽然天降大雨，不但眾人被淋成了落湯雞，楚軍那邊的情況也因爲雨太大一點都看不到。

晉厲公：「靠！這就是你安排的時間？」

秘書：「是啊是啊大王，是我特意安排的，昨天關注了一夜的天氣，料定今天的這個時候有雨，所以特別安排在現在。完了我們就可以搞篇名爲『大王率眾將領冒雨觀察敵情』的報導，人民一定會更加愛戴你尊敬你的！」

晉厲公：「不用了，明天的報導可以換成『第一秘書拍馬屁被斬首』，那樣人民會更加愛戴我、喜歡我的。左右，把這個秘書給我拖下山去砍了！」

第三天，大家隨便挑了個時間上山，對鄭楚聯軍的狀況進行了細查。遠看，鄭楚聯軍黑壓壓一大片，軍力明顯多於晉軍，大部分大將說敵我兵力相差懸殊，要等友軍到來之後，再行出擊；近看，鄭楚聯軍的士兵有的在打瞌睡，有的在抓蝨子玩，晉軍中軍主將欒書就說鄭楚士兵士氣低靡，幾天之後他們的士氣定會低到沒有，再等等，等友軍來了，敵軍士氣也低到沒有了之後，我們再出兵，定會全勝而歸。這時卻忽然有一個聲音喊道：「我們應該立刻出戰！」大家回頭一望，原來是新軍副將郤至在說話，他正拿著一個竹筒放在眼睛前面向山下敵軍陣營觀看。

晉厲公：「爲什麼應該立即出戰呢？」

郤至：「第一，雖然楚軍人數很多，但是大部分都是老人家啊，他們不但行動遲緩而且個個骨質疏鬆，根本就沒有什麼戰鬥力！」

晉厲公：「老人家？不會吧，都沒有看到有鬍子！」

郤至：「鬍子可以刮掉嘛！可是皺紋卻透漏了他們的真實年齡，想隱藏您的皺紋，隱藏您的年齡嗎？快用郤氏去皺霜吧！」

晉厲公：「皺紋？我怎麼看不到？」

郤至：「大王您拿著這個東西來看就能看到了！」

晉厲公：「這是什麼？」

郤至：「這個東西名叫望遠鏡，是一個外國朋友送我的，他可以讓遠在天邊的東西近在眼前……」

晉厲公：「這麼厲害？哦……這樣一看楚軍那邊簡直就是養老院啊！還有沒有理由？」

郤至：「再看鄭國軍隊，到現在爲止隊都沒有排好，本來應該筆直的隊伍給他們排得跟長城一樣彎彎曲曲的，這說明他們缺乏訓練；再看他們兩軍的士兵，到現在都還在打打鬧鬧，手捧著《playboy》看，這樣的部隊不堪一擊！」

晉厲公：「看到了，看到了，那個雜誌的封面可真是惹火啊！」

郤至：「據我的探子來報，不但楚軍和鄭軍之間協調不好。楚軍內部的中軍和左軍也互相誰都不買誰的賬。他們人再多也沒用啊！」

晉厲公：「有道理，我欣賞你！這個東西好像很不錯的樣子，能送給我麼？」

郤至：「啊！這……」

晉厲公：「你敢抗旨?!」

郤至只得將望遠鏡送給了晉厲公，從此晉厲公天天都拿著那個東西到處看，這是後話，暫且不表。且說晉厲公同意了郤至的建議之後，立刻下令對鄭楚聯軍進行攻擊。

戰爭終於打響了，晉厲公手拿望遠鏡，在戰車上喊著「衝啊」的帶著部隊往前衝，忽然「噗哧」一聲，晉厲公所乘的戰車陷入了泥沼之中，往前往後都出不來，楚共王遠遠看到了，立刻率領著一隊人馬殺將過來，意圖活捉晉厲公。晉將魏郤發現了楚共工不可告人的陰謀，像射雕英雄那樣拉滿弓一箭射去，正好插進了楚共王左邊的眼睛。臉上插著一根箭總是一件很不方便的事情，楚共王大喊一聲將箭拔了出來，眼珠子還在箭杆上看著他。楚軍將士見老大受傷，人人無心戀戰。晉厲公的戰車總算從泥沼裡面爬出來了，他指揮晉軍掩殺過來，楚軍當是四國聯軍已經到達，人人想著逃跑，紛紛後撤，一退就退到了穎水南岸，當天晚上就帶著鍋碗瓢盆撤軍了。

郤至在這一戰役中立了大功，被晉厲王重賞。不過他也在這場戰爭中得罪了欒書等人，不久之後被欒書設計害死。孫子兵法，不要太聰明哦！

韓冬Say

對於敵人情況的了解，決定了我軍應該採取的行動，所以說了解敵軍的情況是首要的，如何了解敵人的情況呢？這就需要入微的觀察力和敏銳的洞察力。郤至不可能有望遠鏡，望遠鏡只是一個道具一個象徵，但他入微的觀察，卻是那群山頂上的男人所沒有的。

爆笑版實例三

停靠在五樓的二路汽車

東晉安帝義熙五年正月，南燕宮廷之中，一場盛大的交響音樂會正在進行之中。南燕帝慕容超非常喜歡音樂，尤其喜歡好多人一起演奏的那種音樂。他坐在第二排的中間位置，旁邊坐著的都是南燕的大臣將軍們。演奏會即將開始了，臺上擺著各種各樣的樂器，比如簫、鼓、撞鐘、樹葉等。

慕容超非常開心，用充滿期待的目光等著音樂會的開始。終於從幕後走上來一個人，他開始演奏了，他一會兒吹簫，吹完簫連忙跑過去敲鼓，接著撞鐘……他一個人演奏著一場音樂會，整個臺子上到處都是他忙碌的身影。

慕容超：「……你們這是在侮辱我不懂音樂？一個人怎麼搞交響音樂會啊？」

大臣：「大王，我們也知道一樣樂器應該有一個樂工照顧的。可是宮裡面實在沒有樂工了，就只有他一個了，好在他腳力好，不怕在臺子上跑來跑去，而且他還會各種各樣的樂器。我們都知道您喜歡聽交響樂，這才舉辦了這樣的演奏會！」

慕容超：「宮廷裡面沒有樂師這麼大的事情你們怎麼不報告我呢？沒有樂師我們可以去東晉搶嘛！」

大臣：「我們和東晉邊上住的都是些尋常老百姓，並無樂師可搶啊！」

慕容超：「搶回來可以培養啊，最好搶一些有基礎的人回來，這樣也好培養一點。」

大臣：「大王，請恕老臣愚昧，搶人的時候怎麼看他有沒有演奏基礎呢？」

慕容超：「打鐵的搶回來可以培養成敲鼓的，彈棉花的搶回來可以培養成彈古箏的，吹火的搶回來可以培養成吹簫的……還要我舉例子麼？」

大臣：「鋸木頭的可以搶回來培養成拉二胡的，了解！」

二月，南燕出兵至東晉邊界搶人，搶的還都是東晉的技術人才，比如打鐵、彈棉花、吹火等方面的人才，這一搶就搶走了兩千五百人。

三月劉裕上書請老大批准他帶兵馬去討伐南燕，搶回他們的科技人才。老大也明白，五世紀最重要的是什麼？是人才！於是批准了劉裕的請求。四月，劉裕率領步舟師十萬多人從建康出發。五月，到達下邳，將船啊艦艇啊運輸隊拉的物資什麼的全部留在了這裡，然後一路小跑地跑到了琅琊。他們邊走邊修牆，修好一條牆就留一些兵防守，以便阻止南燕派兵斷後。

副將：「您把所有的東西都留在這裡，連換洗的衣服都沒帶。如果南燕據大峴之險或者堅壁清野不同我們作戰，我們就這麼清潔溜溜的跑過去，不但打不贏人而且回都回不來，那個時候我們不是死定了？」

劉裕：「我這麼做是有我自己的想法的，你之所以會這麼擔心是因爲你不知道鮮卑人的性格。他們貪婪，只顧眼前利益，不知道長久打算。我敢保證，他們肯定不會據守大峴之險的，要不我們打賭？你押多少？」

副將：「我沒錢，家裡兩個孩子上學呢，學費那麼貴！」

南燕王慕容超聽聞劉裕率領大軍北伐，也就是來伐他們，召集了所有的大臣們前來商討應對之策。

慕容超：「東晉派劉裕帶著兵馬來伐我們了，大家有什麼應對之策？」

公孫五樓：「聽說他們把所有的物資都丟在了路上，顯然他們的想法是速戰速決。打仗的關鍵就在於不讓敵人舒服，敵人想怎麼來我們偏不讓他們怎麼來。我們可據守大峴之險，讓他們走不過來，我們也不出去打，就這樣拖著，拖不死他們！這是上策。讓各地守將堅壁自守，除了自己需要的物資別的全部都燒掉，把地裡的莊稼也都滅了，不給他們留一點吃的，等個十天半個月的就可以搞定他們了。這是中策。放他們來，然後我們出城迎戰，這是下策！」

慕容超：「我選下策！」

公孫五樓：「啊?!大王你瘋了?要不要我再敍述一遍?」

慕容超：「我喜歡你是因爲你的名字很酷，還因爲我喜歡停靠在五樓的二路汽車……」

大臣：「大王，那車是停靠在八樓的！」

慕容超：「我知道，反正都在樓上。你的名字很酷，可是你的思想卻太怯懦啦。今年哈雷彗星、火星、木星都出現了，這擺明了是在告訴我們，今年我們一定旺的。還有，我們是主場，東晉是客場，他們跑了這麼遠的路來打我們，必定在勢上要弱於我們。我們地盤這麼大，糧食這麼多，兵馬那麼強，還怕打不過他們？放他們來即可。」

大臣們還要勸他，慕容超卻不聽了，他說要去視察從東晉搶回來的那些科技人才的奏樂之功修煉得怎樣了，還說改天要用這些人舉辦一場音樂會。

劉裕一路沒有遇到任何抵抗，跑得非常輕鬆和開懷，六月，越過了大峴山。劉裕見南燕沒有派兵出來抵抗。不禁仰天大笑三聲。

部下：「啊，您也瘋啦？一個敵人都沒有見，仗也沒有打，爲什麼卻笑得這麼奔放呢？」

劉裕：「就是因爲沒有見到敵人，所以我才要笑啊，哈哈哈。」

部下：「唉，真的很難預料在韓冬的作品裡面會發生什麼事情！」

劉裕：「現在我們已經越過了危險地帶，南燕這邊糧食又這麼充足，我們也不會有缺糧之憂啦！」

言畢，劉裕又大笑好久。慕容超先派了公孫五樓、賀賴盧等率領了步兵和騎兵總共五萬進據臨朐。聽聞劉裕越過了大峴山，自己又帶了四萬騎兵前去。劉裕兵到達臨朐之後，燕軍留了老兵和殘疾兵把守廣固，其餘的兵馬全部拉出去對付劉裕軍。公孫五樓初戰告敗。後劉裕步步緊逼，慕容超連連敗北，退到了廣固城內。晉軍乘勝追擊，攻破廣固外城，慕容超被迫退入內城。

劉裕這個時候卻停止了攻打，只在城外挖溝築圍，招募投降反叛者。慕容超被困在廣固城內，不但沒了交響樂聽，連吃飯都快成問題了，急得像熱鍋上的螞蟻一樣。將因爲進諫而被他囚禁起來的慕容鎭都放了出來商量應對的辦法。

慕容超：「我說我選了不該走的路，我的心中滿是傷痕，我說我犯了不該犯的錯，心中充滿悔恨……」

慕容鎭：「我以前說了讓你據守大峴，你不聽，現在爽了吧！」

慕容鎭：「我還以爲你只喜歡交響樂呢，原來你對流行音樂也有興趣。」

慕容超：「唉，事到如今還談什麼音樂，溫飽問題都難解決了。將軍快想個辦法吧。我想出來的辦法是向後秦求援。」

慕容鎭：「據說秦軍現在正在攻打夏國，估計沒太大可能派兵前來搭救我們。雖然打了不少敗仗，算上老弱病殘怎麼說現在我們也有上萬的人馬吧，不如你所有的財產都拿出來賞賜給官兵們，鼓舞他們拚死一戰。如果觀音姐姐罩著我們的話，興許還能取勝也不一定；即便就是不能取勝，戰死在沙場總比坐在這裡餓死要來得燦爛一點吧！」

慕容超：「你怎麼動不動就讓我拿出所有的財產呢，其實我也沒有多少存款的。司徒你舉手是有話要說麼?」

慕容惠:「我覺得慕容鎮說得有問題。即便大王將所有的財產都拿出來發給了將士,這一仗我們也是必敗的。首先,我們都長得不帥,觀音姐姐是不會眷顧我們的;其次,晉軍打了那麼多勝仗,士氣旺得不得了,我們拿敗兵去跟人家打跟白白去送死沒什麼區別的。我覺得還是向秦求援比較符合實際。秦國雖然正在和夏國掐架,但是他們應該也明白我們和他們是嘴唇和牙齒的關係,按說不會袖手旁觀的。如果我們再派了被秦國很看中的韓范出使的話,一定可以搬來秦國救兵的。」

慕容超:「有道理,就這麼辦了!」

韓范遵照慕容超的命令出使秦國。七月份到達長安。經過一番敍述,後秦國主姚興同意出兵,他派了姚強帶領著步兵一萬隨韓范趕往洛陽。他們的部隊對外的宣稱是:「援助南燕志願軍」,以便讓東晉明白他們是真的打算要援救燕國的。姚強在洛陽又會合了洛陽守將姚紹,兵馬更多了。他們派了個使者跑去了劉裕那邊。

使者:「秦國和燕國是好朋友好鄰居,現在你們這樣欺負他,我們不會袖手旁觀的。我們已經有十萬的鐵騎駐紮在洛陽了,如果你們在不退兵的話,我們可就要打上來了哦!」

劉裕:「你回去告訴姚興不要著急,滅了燕國休息個三五年,我們就去進攻洛陽。既然秦軍已經來了,那就派上來吧,正好和燕國一起收拾了!」

使者：「這麼屌？」

劉裕：「飄柔，就是這麼自信！」

使者氣呼呼地走了。這時從幕後闖出來一個人，急匆匆地衝到劉裕面前，劉裕一看原來是幕僚劉穆。

劉穆：「你一向都很低調的啊，今天怎麼這麼囂張？」

劉裕：「因爲……今天天氣好啊！」

劉穆：「他們可是十萬鐵騎啊，你這麼說萬一激怒了他們，他們帶兵前來幫助燕國，我們豈不是死翹翹了。」

劉裕：「秦國也只是說說而已，要是他們真是來搭救燕國的話，早就悄悄地衝上來同燕國部隊一起夾擊我們了，哪裡還會派個使者大搖大擺地來告訴我們他們來了，他們準備夾擊我們了。」

事實正如劉裕所說的，秦軍說他們不會袖手旁觀他們就真的沒有袖手旁觀，而是背著手旁觀。沒有援軍到來，城裡面的將士們被圍困得久了，紛紛都跑出來到晉軍的「降軍叛軍接待辦公室」報名了，第二年的正月，廣固城破，南燕亡。

韓冬Say

凡事都需要透過現象看本質，對方的肌肉或許並非那麼強健，對方的胸部或許並非那樣的傲人，對方的兵馬或許並非那樣多，這一切的一切都可能是假相，因爲假裝和造假誰都會。劉裕看透了秦國嚇唬人的本質，所以沒有退軍而取得了最後的勝利。

地形篇

地球上的地形有很多種，再加上火星和未知星球的地形，整個宇宙間的地形會像天上的星星那麼多。但是地形種類的數量再多也頂不住孫子的抽象。「抽象」就是這麼厲害。在本篇中孫子將地形按照戰爭中敵我雙方的來去抽象為六種，並給出了在這六種地形之下的作戰方法和注意事項。

正所謂「幸福的家庭都是一樣的，不幸的家庭各有各的不幸」。打勝仗的結果都是一樣的：有地有銀子有女人，打敗仗的情況卻各有各的不同，即便敗也要敗得有方法有深度。本篇還講述了六種敗仗的種類，給出了每種失敗的原因，以便大家能夠趨利避害。

原文

孫子曰：地形有通者，有掛者，有支者，有隘者，有險者，有遠者。我可以往，彼可以來，曰通；通形者，先居高陽，利糧道，以戰則利。可以往，難以返，曰掛；掛形者，敵無備，出而勝之；敵若有備，出而不勝，難以返，不利。我出而不利，彼出而不利，曰支；支形者，敵雖利我，我無出也；引而去之，令敵半出而擊之，利。隘形者，我先居之，必盈之以待敵；若敵先居之，盈而勿從，不盈而從之。險形者，我先居之，必居高陽以待敵；若敵先居之，引而去之，勿從也。遠形者，勢均，難以挑戰，戰而不利。凡此六者，地之道也；將之至任，不可不察也。

故兵有走者、有馳者，有陷者，有崩者，有亂者，有北者。凡此六者，非天之災，將之過也。夫勢均，以一擊十，曰走。卒強吏弱，曰馳。吏強卒弱，曰陷。大吏怒而不服，遇敵懟而自戰，將不知其能，曰崩。將弱不嚴，教道不明，吏卒無常，陳兵縱橫，曰亂。將不能料敵，以少合眾，以弱擊強，兵無選鋒，曰北。凡此六者，敗之道也；將之至任，不可不察也。

夫地形者，兵之助也。料敵制勝，計險厄、遠近，上將之道也。知此而用戰者必勝，不知此而用戰者必敗。故戰道必勝，主曰無戰，必戰可也；戰道不勝，主曰必戰，無戰可也。故進不求名，退不避罪，唯人是保，而利合於主，國之寶也。

視卒如嬰兒，故可以與之赴深溪；視卒如愛子，故可與之俱死。厚而不能使，愛而不能令，亂而不能治，譬若驕子，不可用也。

知吾卒之可以擊，而不知敵之不可擊，勝之半也；知敵之可擊，而不知吾卒之不可以擊，勝之半也；知敵之可擊，知吾卒之可以擊，而不知地形之不可以戰，勝之半也。故知兵者，動而不迷，舉而不窮。故曰：知彼知己，勝乃不殆；知天知地，勝乃不窮。

另類譯文

孫子告訴我們說：地形有通形、掛形、支形、隘形、險形、遠形六種。

通形是指：我們可以去，敵人也可以來的地域。一般來說，這樣的地域都是開闊之地，而且敵我雙方前來的路上都沒有攔路虎和攔路打劫的。在這樣的地方作戰，我方應該搶先佔領視野開闊令人心曠神怡的高地，同時要保持後勤補給道路的風雨無阻，這樣打起仗來才有利，心情舒暢而又不愁吃不愁穿不愁沒有武器。

掛形是指：可以去但是難以返回的地域。就光從名字上一看：掛者死也；二看：掛起來者，腳沒得踩手沒得抓，那該是多麼難受的一種感覺啊！不信你可以在房樑上拴根繩子，把自己掛上去看看。在這種地形上作戰，如果敵人沒有防備我們，我們就可以搞突襲而打敗他；如果敵人有防備，去打又打不贏，跑又跑不掉，那就死定了。

支形是指：敵人前往也不利，我軍前往也不利的區域。可能是路上有打劫的，也可能路上幾十米一個收費站，而且是按人頭收費。在這種地形上作戰，如果敵人用小股部隊或者老弱病殘孕部隊來引誘我們去打，我們也不要出擊，而應該率軍假裝打不過他們而逃跑，等敵人追出來一半的時候再回兵追擊，這個時候就光只是收費站的阻攔和收費就夠他們受的了。

隘形是指：兩座山之間狹窄的通谷。這個地形就比較具體了，你完全可以想像得出來兩座大山中間有一道深溝是什麼樣子的。在這樣的地方打仗，向左走向右走都是走不動的，所以一定要注意做好峽谷兩頭的工作。最理想的情況就是我們比敵人早到一步先。這個時候我們就應該用重兵封鎖隘口，等敵人跑過來送死。如果不巧被敵人先佔領了隘口，並且人家重兵把守隘口的話就不要去拚命了；而如果他們就派了一點點人去封鎖隘口，我們就衝上去砍他。我們人多，怕什麼？

險形是指：形勢險要的地域。雜草叢生的廢棄倉庫、斷腸崖、華山頂峰等都屬於這樣的地方。在這樣的地形上打仗，如果我方先到一步，就應該牢牢地控制住視野開闊的高地或者在草叢裡面埋伏部隊，等敵人前來找我們送死；如果敵人先佔領了好地方的話，我們就當自己沒來過，悄悄撤退完事兒。敵人已經埋伏了部隊，佔據了高地，你還要衝上去打，就成了我們通常所謂的「找死」。

遠形是指：好遠的地方。也就是說要跑很遠的路才能到達的地方。這個時候大家都好累了，如果雙方勢力相當的話就不要找事兒了，即便拖著疲憊的身軀衝上去打也不會得到哪怕一點好處的。

上面講的這六條就是利用地形的原則。是將帥的重大責任所在，該注意的我都說了，聽我的就可能勝，不聽我的就肯定敗，不是嚇唬大家的，在打仗之前一定要根據上面所說的認真地考察研究。

打仗有六種必敗的情形，分別是「走」、「馳」、「陷」、「崩」、「亂」、「北」，這六種情形的共同點是：它們都不是客觀存在造成的，而是將帥的過錯造成的。地勢相當卻要一個打十個的，必然會敗，這叫做「走」，這種情況的出現在於將帥錯誤地將自己的士兵當成了超人。士兵都很能打，將帥卻懦弱而不敢行動，指揮必然軟弱而導致士氣低靡，這叫做「馳」，這種情況的出現在於將帥的生辰八字不太對勁，後天教育也沒有搞好。將帥很挺，士兵們卻懦弱而不敢衝鋒，戰鬥指數必然很低，這叫做「陷」，這種情況的出現在於將帥沒有搞好官兵們的思想教育。下面的領導不服從主帥的指揮，看見敵人不跟主帥商量就衝上去打，而主帥又不了解他們的能力，這樣不但部隊會崩潰，而且主帥也會很沒面子，這叫做「崩」，這種情況的出現在於將帥看人喜歡看走眼。將帥生性靦腆懦弱，大聲說話都不敢，對官兵的管理一片混亂，治軍又沒有章法，戰場下面胡天胡地，上了戰場亂七八糟，這叫做「亂」，這種情況的出現在於將帥出生的時候搞錯了性別。將帥沒有正確地判斷敵軍情況，帶著部隊衝上去才發現敵人密密麻麻排滿了整個廣場，以少打多，以弱擊強，以卵擊石而且還沒有升級到精銳騎兵做先鋒，必然失敗，這叫做「北」，這種情況的出現在於將帥是個豬腦袋。這六種情況都是會造成失敗的原因，而且條條都與將帥有關係，不可不認真考察和研究。

地形是作戰打仗的輔助條件。判斷敵情，考察沿路和戰場地形情況，計算道路的遠近，這些都是有腦子的將領和道路工人必須掌握的。懂得了我說的這些道理去指揮作戰，必然會得到勝利；不看我寫的書，或者看了卻沒有認真看，或者看了卻不知道應用，必然會得到失敗。根據我前面說過的方法去分析，如果分析的結果是有必勝的把握，即便國君說他正在泡敵國老大的女兒而不讓你去打，你也應該堅持去打；如果分析的結果是沒有必勝的把握，即便國君說敵國老大的女兒不給他回情書而讓你去打，你也應該堅持不打。打仗和寫書都不應該爲了名聲，進攻不是因爲想讓別人誇你能打有氣概，逃跑不迴避違命的罪責，但求保全群眾，豐富人民精神生活，這樣的將帥才是真男人真英雄真正國家的寶貴財富。

對待士兵像對待嬰兒那樣抱他，哄他，餵他吃母乳，士兵就可以跟你共患難，上刀山下油鍋；對待士兵像對待兒子那樣成績不好就打他，太早談戀愛就批評他，士兵就可以跟你同生共死。給士兵好吃好喝還經常發獎金而不讓他上戰場，給他母乳經常抱他哄他而不進行教育，他們幹了壞事而不打罵，他們就會像被嬌慣的子女一般，不但不能派出去打仗而且還會亂搞的。

只知道自己的部隊很能打，而不了解敵人的部隊不能去打，勝利只有一半；了解敵人的部隊可以去打，卻不了解自己的部隊不太能打，勝利也只有一半；終於了解了敵人的部隊可以去打的同時，也了解自己的部隊很能打，卻又不了解地形不利於作戰，勝利還是只有一半。你到底了不了解啊？

所以懂得怎樣用兵的人，無論在對於敵軍的考察還是我方的估計以及地形的考量上都不會犯迷糊，他們的戰術變化也應有盡有而不至於黔驢技窮。了解對方，了解自己，去爭取勝利就不會有危險了；懂得天時，考量地利，你就不但不會有危險，而且還會全勝而歸了。

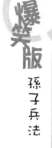

爆笑版實例一

石頭，又見石頭——

蒙哥，大蒙古國第四代大汗，乃是成吉思汗幼子拖雷的長子。蒙哥不但驍勇善戰，能在戰場上身先士卒，而且聰明睿智，治學嚴謹，成爲我國第一個研究古希臘數學家撰寫的世界上最早數學巨著《幾何原本》的人。

蒙哥做了蒙古可汗之後採用了以迂爲直的戰鬥策略，繞道至西南，對南宋發動了進攻。他先派他弟弟忽必烈攻佔了雲南，然後自己率領西路軍主力約四萬人馬經過六盤山進入四川，經過一年的苦戰到達了釣魚城下。一說到四川，你就會想到皮膚白皙的川妹子，這就說明你還沒有脫離低級趣味。我想到的是這樣的名人名言：「做人難，做男人更難，做中國的男人尤其難；蜀道難，難於做中國的男人！」由此可以看出四川那邊的山是多麼的多，是多麼的挺拔。釣魚城也如是。釣魚城處在嘉陵江、涪江、渠江的匯集之處，山城的四面都是斷腸崖，這便是「一夫當關，萬夫莫敵」的地形典範了。蒙哥的想法是攻下釣魚城之後進軍去重慶，和蒙古南路軍會師之後直搗南宋都城，那樣南宋便被拿下了。設想總是很好的，道路總是曲折的，目前擺在眼前的事情便是拿下釣魚城。

這釣魚城的守將乃是王堅，此人頗具雄才偉略，對南宋朝廷忠心耿耿，和蒙古沒有殺父奪妻之仇，卻依舊不共戴天。在蒙哥部隊尚未到達之前，他就進行了一系列的準備：儲備了足夠的糧食以供食用；挖了不少的井以供飲用；買來了足夠的牙膏香皂以供洗漱之用；從各地招來了無數的女子以供通婚之用，以免過多近親結婚……這樣嚴密的準備，別說是守個三四年了，發展個幾世幾代都不成問題。目前，山城裡面有百姓十萬人左右，守軍一萬多人。蒙哥想要「不戰而屈人之兵」。他派了南宋投降過來的將領晉國寶去釣魚城勸王堅投降，王堅一見這種投降的人就生氣，晉國寶想了一路的詞兒，還沒開始說，就被捆了押到練武場上去斬首示眾了。王堅提著晉國寶的人頭對眾將士說：「還有誰再敢說或者想一下投降，晉國寶就是榜樣。如果我有一點背叛朝廷的行爲，大家也可以砍下我的頭。」城中軍民更加堅定了和蒙哥部隊對抗的信心。

晉國寶的被斬讓蒙哥明白了目前勸降是不可能的了。於是他想盡各種辦法開始攻擊：派攀岩高手爬山，被人從上面用石頭砸下來了；用帶鈎的繩子攀高，被人從上面剪斷了繩子；用木頭撞城門，山路太難上了，木頭還沒擡到門口人就累趴下了；用弓箭往裡射，簡直就是在給對方送箭而且對方連草船都不用準備的。就這樣王堅率領全城居民，憑藉天險擊退了敵人一次又一次的進攻，幾個月過去了，釣魚城依舊牢不可破，而蒙軍這邊卻傷亡慘重。

南宋皇帝也派了部隊來增援釣魚城了，不料蒙哥早想到有此一招，提前做了準備，援軍沒將蒙哥部隊擊敗。蒙哥還惦記著「不戰而屈人之兵」的事兒呢，心想，擊退了援軍，對王堅的心理應該會有一個震撼的作用，就又派了前鋒大將汪德臣到釣魚城下面用喊的來勸降。為了表現誠意，汪德臣單槍匹馬地跑到了釣魚城下面。猛吸了一口氣，雙手放在嘴上呈喇叭狀地向上喊道：「裡面的人聽著，你們……哇，什麼東西掉下來了？石頭?!我閃。」汪德臣騎馬就跑，還是沒能跑掉，被一塊巨大的石頭砸到了肩膀掉下馬來，蒙哥忙派人將之擡回營中。

汪德臣：「我不行了！」

蒙哥：「不會的，你只是被砸到了肩膀，頂多斷條胳膊，不會的，你不會死的！」

汪德臣：「Mission impossible!」

蒙哥：「汪將軍，說國語啦！」

汪德臣：「釣魚城，王堅，難啊！我死了，啊！」

說完之後，汪德臣又噴了一大口血就掛了。一個小小的釣魚城，不但久攻不下損失那麼多部隊，而且今天還死了一員大將，這讓蒙哥心中非常難過和焦急。蒙哥想看看釣魚城內到底是什麼樣的一個狀況，可是城高人低，即便是跳高運動員跳起來也未必能看到城內的情況。蒙哥便命令士兵在釣魚城外修建一座高過城牆的瞭望台。離城那麼近，站得又那麼高，這不是給王堅的火炮擺靶子嗎？即便蒙哥不記得火炮已經發明了，至少也應該知道弓箭是早就有了的啊！

瞭望台建好了，蒙哥迫不及待地就爬了上去。王堅命部下火炮齊發，瞭望台終被摧毀，而蒙哥本人也被石頭砸成重傷。

蒙哥：「石頭，怎麼又是石頭！」

將軍：「大汗，在戰場上無論被弓箭所傷還是被石頭所傷，都是光榮的！」

蒙哥：「不一樣的，被石頭砸死，太沒面子了……」

蒙哥心中鬱悶，加上那一石砸得實在不輕，不久之後就死去了。蒙軍扛著蒙哥的屍體北撤而去，釣魚城之圍得解，而昨夜西風凋碧樹的南宋王朝也得以延續了二十多年。

韓冬 Say

「夫地形者，兵之助也」，王堅利用地形扼守釣魚城天險，不但讓敵軍無法通過，而且做掉了敵軍的老大蒙哥，這一仗打得可謂漂亮。不過地形終歸只是地形，它只是外因，但凡王堅不夠堅強或者保衛國家之心不夠赤誠，也不會有這樣大獲全勝的結果。

【爆笑版實例二】

大水袋一樣的戰馬

岳飛，南宋軍事家，民族英雄。青少年時期即勤奮好學，練就了一身武藝。十九歲的時候投軍抗遼。不久他父親去世，他回家奔喪守孝。金兵大舉侵犯中原的時候，他母親在他背上刺了「精忠報國」四字後，岳飛再次投軍，自此開始了他抗金生涯。金人攻佔北方之後，在北方建立了傀儡政權——齊。岳飛受命去收復爲僞齊所佔領的襄陽等六郡。

襄陽自古來都是軍事重鎭，左邊是襄江，右面是平坦的曠野。此時駐守襄陽的是李成，此人有勇無謀。他將騎兵部署在江邊。將步兵駐紮在曠野之上。

副將：「爲什麼要將騎兵佈防江邊呢李將軍，馬又不會游泳！」

李成：「騎兵佈防在江邊是有我的重大考慮的，作爲一個大將必須要考慮到方方面面，我有意栽培你，你要好好學習。」

副將：「那到底爲什麼要將騎兵駐紮在江邊呢？」

李成：「騎兵在江邊，飲起水來方便一點，馬一低頭便可喝到水，你說多方便啊！」

副將：「李將軍果然英明，連這一點都考慮到了。那步兵爲什麼又駐紮在平坦的曠野之上呢？」

李成：「步兵的意思就是用腿跑路的士兵，不駐紮在平坦的曠野上，難道駐紮在江邊嗎？笨！」

副將：「哦……明白了！果然深奧！」

岳飛派了探子去打探了李成那邊的佈防情況，聽了探子的回報之後，便已有了破敵之計了。

岳飛叫了部將王貴和牛皐前來。

岳飛：「對付騎兵應該用什麼兵呢？」

王貴：「如果有玩過『帝國時代』的人都應該明白用長槍兵。讓敵人無法近身的同時，狠捅他胯下之馬，先摔他一跤再說。」

岳飛：「完全正確。而且襄江邊上亂石多，道路窄，李成部署的騎兵根本跑不開，命你帶領步兵用長槍攻擊，注意利用江邊的有利地形。」

王貴：「收到！」

岳飛：「李成將步兵部署在平坦的曠野之上，牛皐你正好出馬，帶著騎兵去衝蕩攻擊其步兵，只能勝不得敗！」

牛皐：「了解！」

兩名將領得令而去各自準備。

李成爲自己天衣無縫的部署而沾沾自喜，忽然間，他覺得自己簡直是前無古人後無來者的史上最偉大的將領。他只等著岳飛部隊前來送死了，戰鬥終於打響了，王貴率領著步兵舉著長槍衝入江邊的騎兵隊伍之中，這些馬天天待在江邊喝水，跑起路來就像一隻大水袋在移動一樣咣當咣當直響。李成的騎兵見岳飛軍衝將進來，卻騎在馬上無計可施，要砍人還要彎下腰去，就在這時間裡，地上的人已經將長槍捅到馬肚子裡面去了。一匹匹馬倒地身亡，一個個人墜落下馬之後被捅，道路狹窄，後面的人又衝不上去，李成的騎兵部隊大亂。好多馬看到前面馬的慘烈情景，不顧自己不會游泳，閉著眼睛就往水裡頭跳。騎兵部算是完了。

再說步兵那邊，他們擺好陣等著岳飛部隊前來。勇猛的牛皋率領著騎兵以迅雷不及掩耳之勢衝進了敵陣，將對方好不容易擺好的陣衝得七零八落，李成的步兵連刀都沒有舉起來就死在了馬蹄子下面，另外一些見勢要跑，可是靠雙腿怎麼能跑得過駿馬呢？須臾之間，步兵這邊也全線崩潰了。李成本來準備了瓜子花生什麼的想看一場岳飛部隊慘敗的好戲，結果還沒有怎麼打，自己的部隊先潰不成軍了。他終於怒不可遏，使出了自己最後的殺手鐧——跨上馬扭頭就跑。岳飛以極小的傷亡，收復了襄陽城。

韓冬Say

有人善於利用地形得勝，有些人善於利用地形找死。李成便是後者中的佼佼者。兵馬多，兵馬強，戰鬥力指數高，這些並不就意味著可以打勝仗，將兵馬交給沒能力的將領帶著，最後的結局只能是兵敗如山倒。

爆笑版實例三

別以為你長得難看我就怕你

魏顆乃是晉文公的左右手魏武子的兒子，魏武子病的時候跟他吩咐道：「兒子，看來這次我是邁不過這個坎去了。我心中還有一件放不下的事情。」

魏顆大哭道：「父親，你放心吧！我和弟弟都會早日成家立業的，我們一定會努力奮鬥，多立戰功不給魏家丟臉。」

魏武子：「我不是說這個事情……」

魏顆：「那您是在說醫藥費吧，沒錯，現在醫藥費真是貴得離譜，不過您是高官，國家會給您報銷的，父親不必掛在心上！」

魏武子：「顆兒，我放心不下的是我的二三四五奶，也就是我漂亮的小妾啊！」

魏顆：「啊！不是吧，你都病成這樣了，還有這麼過分的想法？」

魏武子：「她們都還年輕，我死了之後，你幫我找戶好人家，把她嫁出去吧！」

魏顆：「收到！」

魏武子的病一天重過一天，有一天他終於不行了，臨死前他又將魏顆拉到跟前對魏顆說：「我改主意了，我不要將小妾嫁給別人了……」

魏顆：「啊，父親是說要把她留給我嗎？這樣不太好吧，雖然她的確是滿漂亮的，可是這樣我會被人罵亂倫的，但是父親既然作爲遺言把她交給我，那我也定當遵照父親的遺志，把這件事情辦好！」

魏武子：「你想得倒好！我死後，你將她殉葬吧，我帶她去下面過日子。記住啊！」

魏武子說完就死了。魏顆覺得他老爸應該是臨死時候腦子秀逗才會說出那樣的話，於是就沒有照辦，而是將魏武子的小妾嫁給了別人。

晉景公六年，晉景公派荀林父為主將，魏顆為副將前往征伐狄族的潞國。雖然此次要攻打的是個地不大物也不博的少數民族國家，可是晉景公仍然怕有什麼閃失，他又親自帶了部隊去駐紮在邊境上，隨時準備接應荀林父他們。潞國太菜了，荀林父跟魏顆沒有費多少力氣就將潞國攻打了下來。潞國還有很多逃跑的士兵、綠林好漢等，跟晉軍打著捉迷藏般的遊擊戰，荀林父將魏顆留在了潞國繼續平定狄地。自己帶著一小撮人馬前去向晉景公報告勝利的喜訊。

魏顆將狄地蕩平之後，唱著勝利的歌兒班師回國。走著走著忽然看到前面塵土飛揚，甚為壯觀。

魏顆：「好大的塵土，莫非是龍捲風？」

前哨騎馬來報：「稟告將軍，秦國大將杜回帶著兵馬朝著我們來了。」

魏顆：「秦國大將？那些塵土就是他們搞出來的啊，他們是不是來這邊做環保打掃環境的？」

前哨：「不是，他們看起來很凶地向我們衝將過來了！」

魏顆：「亂講，我們跟他們又沒有什麼來往。肯定是過路的……不過還是準備一下好，立刻就地紮營！」

晉軍將士們連忙拿出帳篷、睡袋等就地紮營之後假裝睡著，以期秦軍看不見他們路過而去。卻不想秦軍走到他們跟前就停了下來。秦軍領頭的是杜回，他本來是秦過邊境少數民族的一名力大如牛的獵戶，他有個愛好就是喜歡上山打老虎玩，一次他因爲失戀，一天就打死了五隻老虎，秦王聽說之後，就將他請到了首都，封他做了大將。他現在就站在魏顆面前，魏顆細細地打量著他，只見他光著腳站在地上就像艾菲爾鐵塔那樣的高大雄壯，鐵齒銅牙，面色黑如古天樂，尤其是他那一雙明亮的大眼睛，就直勾勾地盯著魏顆看，看得魏顆心跳如小鹿撞胸。

魏顆：「死相，幹嘛這樣看著人家？」

杜回：「我奉秦王之命前來搭救潞國，沒想到被你們搶了先。還好在這裡遇見了你，滅了你們抓你回去也好跟秦王交代。」

魏顆：「你們幹嘛對潞國這麼好？莫非秦國和潞國有一手？」

杜回：「不止一手，二三四五手都有。今天就是你的忌日了！」

魏顆：「別以爲你長得難看一點我就怕了你了，說實話，就憑你帶的這三百個不穿鞋子的人就想取我性命，未免太過兒戲了吧！兄弟們，抄傢伙上馬！」

雙方對話完畢，杜回帶著他的三百名手下衝向晉軍。魏顆帶著自己的將士上馬迎敵。兩軍一相遇杜回的手下就蹲在了地上開始砍馬腿，晉軍紛紛從馬上跌落下來，被秦軍用利斧砍殺。晉軍從未見過這樣打仗的，又見對方長得那麼難看，那麼兇神惡煞，紛紛嚇得四散而逃。杜回雖然腿長，也自知追不上四條腿的馬，就站在原地舉起手中滴著血的斧頭哈哈大笑。

第一戰便以大敗告終，魏顆這才知道杜回不是好惹的。於是下令將士嚴守陣營，無論杜回在外面怎麼喊怎麼叫都不出去迎戰。只等著晉景公派來援兵再做商議。

探子：「報……」

魏顆：「怎麼，是援兵來了麼？」

探子：「不是。敵軍將領杜回叫陣不開，蹲在外面大哭起來，而且哭得非常傷心！」

魏顆：「啊，有這樣的事情？不管了，他哭得再傷心我們也不能出去迎戰，這傢伙太厲害了！」

兩人正在說話的時候，援兵就到來了，晉景公此次派的是魏顆的弟弟魏綺，魏綺帶來了幾千精兵。魏綺讓兵馬不卸兵甲，原地待命。

魏綺：「老哥，怎麼回事啊，被人打得這麼慘？」

魏顆：「對方實在太厲害了，尤其是那個帶頭的杜回，身高八尺，腰圍也是八尺，四四方方，十分勇猛！」

魏綺：「那也只是個長得奇特一點的人，又不是神仙妖怪。怕他什麼。我這就帶兵出去將他活捉回來！」

魏穎：「不要啊！」

魏穎還沒說完，魏綺就帶著兵馬衝將出去了。杜回見晉軍終於迎戰了，立刻打起精神前往迎戰，魏綺太過輕敵，戰術又運用不當，沒多久，幾千精兵就被殺得只剩一半了，魏穎連忙帶著部隊前去援助，仗著人多，終於將魏綺救了回來。

杜回又在外面聲嘶力竭地叫陣了。

魏穎：「弟弟你聽見杜回叫陣的聲音了嗎？」

魏綺：「我什麼都沒聽到，哥哥你呢？」

魏穎：「我也沒有聽到！」

兩個人就這樣在營房裡面待著，任憑杜回在外面叫喊，大哭，躺在地上打滾……他們都不理睬。一過就是好多天，魏穎仍然沒有想出破敵之策，心中十分地煩悶，半夜三更地到外面去散步。走著走著就聽到有砍柴的聲音傳了過來，夜深人靜，這聲音顯得尤為清澈。

魏顆心道：「半夜三更還有人砍柴。難道是有人夢遊抑或是敵人假裝成砍柴的來刺探軍情？」

魏顆帶著士兵順著聲音傳來的方向找了過去，就見一個老樵夫在另一面的山坡上砍柴，砍得非常起勁。

士兵：「喂，深更半夜的你在這邊幹嘛？」

老樵夫：「你看我在幹嘛，難道我現在是在夢遊不成？」

士兵：「不知道這裡是戰場重地嗎？」

老樵夫：「戰場重地怎麼了？打仗就了不起啊，十天半個月都結束不了戰鬥，還好意思說！害得我白天砍不了柴，只有晚上來砍。」

士兵：「你找死！」

那士兵說著就要衝上去毆打那位老樵夫，魏顆慌忙制止。走上前去和藹地問那老樵夫道：「你家住什麼地方啊？」

老樵夫：「這麼和藹幹嘛，我和你很熟麼？我家住青草坡。」

魏顆：「好有詩意的名字啊！」

老樵夫：「詩什麼意啊，還不是因爲坡上長滿了青草就叫青草坡了。你們這些文人就喜歡無病呻吟，故作深沈。」

魏顥卻不生氣，繼續問道：「青草坡離這邊有多遠呢？」

老樵夫：「大概有十多里地的樣子。好啦，我要砍柴了，不要再問了！」

魏顥：「你帶我們去趟青草坡好不好？」

老樵夫：「靠！你當我是什麼人啊？你說讓我帶你去就帶你去啊，你們這些人一點都不知道勞動人民的辛苦，砍柴人也有砍柴人的尊嚴和做人的原則……」

魏顥：「我給你柴錢！」

老樵夫：「我這就帶你去，天黑，注意腳下的路！」

那名老樵夫當即帶著魏顥他們來到青草坡。這真是名副其實的青草坡啊！青草茂密，最高的草幾乎齊腰，而低的草也到了膝蓋之處，尤其出眾的就是這裡的草全部都軟綿綿，柔弱弱，就像長了青苔的白髮魔女的頭髮一樣。人行走在期間被纏繞得磕磕絆絆，非常費力，而車馬在其中卻很好走。魏顥高興的大喊一聲：「有了！」

士兵：「將軍，什麼有了？」

老樵夫：「看他這麼開心的樣子，一定是他老婆有了！」

魏顥卻自言自語道：「古人說的不知地形的人就不能帶兵打勝仗，原來真的是有道理的。」

魏顥回營後即叫醒了魏綺，兩人連夜商量了破敵之計。第二天一大早，魏顥就對全體將士宣佈道：「杜回太厲害了，打是打不過了，全軍吃飽喝足，收拾行裝退回潞國地區避開秦軍。」非常害怕秦軍的將士們聽此消息，歡呼雀躍。吃飽喝足之後拔營啓程。杜回聽說之後，立刻帶著他的手下追趕，沒多久就追上了魏顆部隊。魏顆回馬和杜回戰了幾個回合之後，就往青草坡撤退，杜回緊追其後。到了青草坡處魏顆停下來等著杜回部隊前來，戰了數十回合之後，帶著部隊衝進了青草坡，杜回帶著部隊追了進去。初進青草坡時的草只是高至膝蓋，杜回也沒覺得有什麼部隊，魏顆在前面不緊不慢地走著，勾引著杜回往更深處走去。終究是走到了青草坡深處了，杜回和其部下被柔弱茂密的青草絆著腳，走得非常艱難。魏顆一聲令下，先前隱藏在草叢中的魏綺帶著部隊向秦軍掩殺過來，杜回部隊大敗，杜回也被生擒。回營之後，魏顆覺得杜回留著始終是個危險，就將他殺了。魏顆得以勝利回國。

魏顆一天晚上做了一個夢。夢到一個長得非常像那名老樵夫的老頭說那些草是他給魏顆準備的，目的是爲了報答他沒有將自己的女兒殺了給魏武子殉葬。魏顆深以爲奇。

韓冬 Say

這一案例是典型的運用地形獲勝的戰例。魏顆在秦軍跟前本已經敗定了，青草坡讓他轉敗爲勝。所以當走投無路的時候不要死鑽牛角尖，停下來，站起來左右看看，前後想想，或者就會柳暗花明又一村了。

九地篇

本篇從作戰態勢上將作戰地形分為九種，分別下了定義，並且告訴了大家在這幾種地形之上作戰時候的處理方法和注意事項。又一次苦口婆心地勸導大家一定要聽作者的：在作戰之前仔細考察地形，分析利弊。

人在愈危急的時候愈能發揮出自身的無限潛能。什麼地方危險你就把部隊往什麼地方帶，這時候的將士們就會為了能活下去而萬眾一心。當然了，也不能危險得太過了，故意把先鋒部隊帶到敵人的幾萬人馬的包圍圈裡面去，那就是你的不對了。

寫書出來之後，當然是知道的人愈多愈好，宣傳搞得愈大愈好。戰略戰術則不同，這個是拿來打仗取勝的，不是拿來賣錢的。定好戰略戰術之後，自己知道就好了，不要輕易告訴別人，這樣才有可能以奇取勝。

原文

孫子曰：用兵之法，有散地，有輕地，有爭地，有交地，有衢地，有重地，有圮地，有圍地，有死地。諸侯自戰之地，為散地。入人之地而不深者，為輕地。我得則利，彼得亦利者，為爭地。我可以往，彼可以來者，為交地。諸侯之地三屬，先至而得天下之眾者，為衢地。入人之地深，背城邑多者，為重地。行山林、險阻、沮澤，凡難行之道者，為圮地。所由入者隘，所從歸者迂，彼寡可以擊吾之眾者，為圍地。疾戰則存，不疾戰則亡者，為死地。是故散地則無戰，輕地則無止，爭地則無攻，交地則無絕，衢地則合交，重地則掠，圮地則行，圍地則謀，死地則戰。

所謂古之善用兵者，能使敵人前後不相及，眾寡不相恃，貴賤不相救，上下不相收，卒離而不集，兵合而不齊。合於利而動，不合於利而止。敢問：「敵眾整而將來，待之若何？」曰：「先奪其所愛，則聽矣。」兵之情主速，乘人之不及。由不虞之道，攻其所不戒也。

凡為客之道，深入則專。主人不克；掠於饒野，三軍足食；謹養而勿勞，并氣積力，運兵計謀，為不可測。投之無所往，死且不北。死焉不得，士人盡力。兵士甚陷則不懼，無所往則固，深入則拘，不得已則鬥。是故其兵不修而戒，不求而得，不約而親，不令而信，禁祥去疑，至死無所之。吾士無餘財，非惡貨也；無餘命，非惡壽也。令發之日，士卒坐者涕沾襟，偃臥者涕交頤，投之無所往者，諸、劌之勇也。

故善用兵者，譬如率然；率然者，常山之蛇也。擊其首則尾至，擊其尾則首至，擊其中則首尾俱至。敢問：「兵可使如率然乎？」曰：「可。」夫吳人與越人相惡也，當其同舟而濟，遇風，其相救也如左右手。是故方馬埋輪，未足恃也；齊勇若一，政之道也；剛柔皆得，地之理也。故善用兵者，攜手若使一人，不得已也。

將軍之事，靜以幽，正以治，能愚士卒之耳目，使之無知；易其事，革其謀，使人無識；易其居，迂其途，使人不得慮。帥與之期，如登高而去其梯。帥與之深入諸侯之地，而發其機，焚舟破釜，若驅群羊，驅而往，驅而來，莫知所之。聚三軍之眾，投之於險，此謂將軍之事也。九地之變，屈伸之利，人情之理，不可不察。

凡為客之道，深則專，淺則散。去國越境而師者，絕地也；四達者，衢地也；入深者，重地也；入淺者，輕地也；背固前隘者，圍地也；無所往者，死地也。是故散地，吾將一其志；輕地，吾將使之屬；爭地，吾將趨其後；交地，吾將謹其守；衢地，吾將固其結；重地，吾將繼其食；圮地，吾將進其塗；圍地，吾將塞其闕；死地，吾將示之以不活。故兵之情，圍則禦，不得已則鬥，過則從。

是故不知諸侯之謀者，不能預交；不知山林、險阻、沮澤之形者，不能行軍；不用鄉導者，不能得地利。四五者，不知一，非霸王之兵也。夫霸王之兵，伐大國，則其眾不得聚；

威加於敵，則其交不得合。是故不爭天下之交，不養天下之權，信己之私，威加於敵，故其城可拔，其國可隳。施無法之賞，懸無政之令，犯三軍之眾，若使一人。犯之以事，勿告以言；犯之以利，勿告以害。投之亡地然後存，陷之死地然後生。夫眾陷於害，然後能為勝敗。故為兵之事，在於順詳敵之意，並敵一向，千里殺將，此謂巧能成事者也。

是故政舉之日，夷關折符，無通其使，厲於廊廟之上，以誅其事。敵人開闔，必亟入之。先其所愛，微與之期。踐墨隨敵，以決戰事。是故始如處女，敵人開戶；後如脫兔，敵不及拒。

另類譯文

孫子告訴我們說：依照我前面講過的用兵原則，軍事地理可分爲散地、輕地、爭地、交地、衢地、重地、圮地、圍地、死地。諸侯們在本國境內作戰的地區叫做散地。在沒有很深入的敵國境內作戰的地區叫做輕地。我方得到有利，敵方得到也有利的地區叫做爭地。我們可以去，敵人也可以來的地區叫做交地。好多國家交界，誰先到就可以和周圍的諸侯聯盟而得到援助的地區叫做衢地。在敵人的內心深處，背後是敵人的很多座守衛森嚴的城池的地區叫做重地。山嶺、森林、懸崖、江河等很難走的地區叫做圮地。進軍的道路好走，而撤退的道路崎嶇，很適合被別人圍攻的地區叫做圍地。拚了命就能活下來，不拚命就會全體被掛的地區叫做死地。

在散地，不宜作戰，東西都是自己的，砸爛了、燒掉了，還得自己花錢重修重建；在輕地，不宜停留，趁著沒有太深入趕緊閃，傻站著幹嘛，等著敵人調兵來包圍你麼；在爭地，不要貿然地進攻，大家都想要的地方一定是好地方了，敵軍必定有備而來，我們需要先觀察研究；在交地，自己的部隊之間一定要搞好聯絡通信，不然就會被敵人分份兒吃之；在衢地，搞好和周圍諸侯們的關係，要記得禮多人不怪；在重地，雖然我不知道你是怎麼走到重地來的，但是現實情況是你的周圍都是敵人，這個時候跑是跑不掉了，糧草也沒辦法運進來了，在這個地方要做到首先不要害怕，其次將打劫敵國糧草作爲頭等大事來抓；在圮地，趕緊通過就是了，這樣的地方有什麼好留戀的；在圍地，你是應該被同情的，你也可以欲哭無淚，但重要的還是想辦法突圍；在死地，如果不想死的話，只有奮勇作戰跟死神搏鬥一條路可走了。

古時善於指揮作戰的人，都是能夠讓敵人的前後部隊不能互相接應，大部隊和小撮部隊不能相互依賴，官和兵只能相互遙望淚眼而無法相互救援，他們還會紅燒了敵人的信鴿，使敵人上下建制失去聯絡，士兵胡亂奔跑而難以集中，陣形混亂到跟打群架一樣。對我們有利我們就打，對我們沒有利我們就撤，這樣才算是上路的同志。請聽題：「假如敵軍人數眾多而且又陣形嚴密地向我們前進，用什麼辦法對付他們呢？你不能要求我去掉一個錯誤答案，也不能打電話求助，更不能求助現場觀眾，因爲這是一個設問句，我會直接回答的。」回答就是：「奪取對敵人來說是最關鍵的要害之處，這樣一來他們就不得不任憑我們玩弄了。」用兵之理，貴在速度快得像年輕的神仙飛一樣，乘敵人措手不及的時候，走敵人意想不到的道路，攻擊敵人沒有防備的地方。

跑去敵國攻打作戰的一般規律是：走得愈深，愈是敵國的內地，我方的軍心就愈堅固，敵人就愈不易打敗我們，愈打愈舒服，愈打愈痛快。正所謂：人是鐵，飯是鋼，一頓不吃餓得慌，深入敵國腹地解決糧草問題的關鍵就在於打劫敵方糧草，這樣一來部隊就有得吃了。有得吃還不行，也要注意休息，不能把自己的士兵當成超人或鐵人，要注意保持體力，養精蓄銳。部署兵力，多想辦法，讓敵人看不透想不通我軍的意圖。人在危急關頭，才能激發出體內無限潛能：在水中可以掐死鯨魚，在山裡可以咬死老虎，在天上可以叨死神雕。同樣將部隊放在無路可退的絕地，將士們就會義無反顧地往前衝，因爲他們明白此時此刻的廣告詞是：要活命，打衝鋒。跑是沒辦法跑了，他們怎麼可能不用盡全身的力量和敵人拚命呢。深入敵境深處的時候，士兵們就不再恐懼了，一旦沒有了退路，軍心也就穩固了，這個時候的士兵已經成爲明白「我不入地獄，誰入地獄」這個道理的士兵了。這樣一來不需要命令戒備就很強了，不用強逼任務就能完成了，無須號召大家就親如兄弟了，不用重申大家就會遵守紀律了。破除封建迷信，消除士兵們的疑慮，他們就是死也不會逃跑的，主要是跑也沒地方跑。我軍士兵沒有存款，並不是因爲他們都不喜歡錢；他們視死如歸，並不是因爲悲觀厭世不想長壽。當頒佈了作戰命令，士兵們的眼淚都是嘩嘩的，坐著的人眼淚沾滿了衣襟，躺著的人眼淚流進了耳朵，趴著的人眼淚打濕了枕頭，不講衛生的人眼淚浸透了袖子，把他們帶到跑都沒地方跑的境地，他們就會像古代的專諸、曹劌那樣猛的。

善於指揮部隊作戰的人，能讓自己的部隊像率然一樣。「率然」不是一個形容詞，而是一種蛇的名字，打牠的頭，牠的尾巴就會來咬你；打牠的尾巴，牠的頭就會來抽你；打牠的腰，牠的頭和尾巴會一起上來。請聽題：「可以使我們的軍隊像『率然』一樣嗎？」回答是：「當然可以」。請看大螢幕，吳國人和越國人本來是仇人，但是當他們坐在一條船上渡河的時候，他們就能互相幫助好像左手幫右手一樣，因爲他們明白這個時候鬧矛盾，大家可能都得死，要尋仇也要等上了岸再說，這才是聰明人。用捆住馬的韁繩埋住車輪子這樣的表面功夫，來顯示死戰的決心而穩定部隊是靠不住的，韁繩可以解開，車輪子也可以挖出來。要讓整個部隊能夠團結一條心的跟一個人一樣，在於思想教育的方法。要讓強壯的和羸弱類士兵都能夠發揮自己的光和熱，在於對地形的研究和利用。所以說，善於用兵之人，能讓全軍將士拉起手來心靈相通得和一個人一樣，並不是因爲他念了般若波羅密，而是因爲嚴峻的形勢讓兄弟們不得不這樣。

當領導的，要能做到冷靜而有深度，不能因爲自己想到一個好點子、好計謀，就在士兵面前手舞足蹈；管理部隊要公正嚴明而且有條有理，不能因爲士兵甲是你小舅子你就偏袒他。要封鎖消息，蒙蔽士兵們的視聽，讓他們對你的想法毫不知情。經常變換作戰部署，改變原定計劃，換不同款式的衣服，讓別人無法識破你的戰略戰術。經常搬家改變駐地，走路繞著彎地走，讓別人無法推測出你的意圖。主帥給部下下了任務，要想騙他上了房頂後拆掉梯子那樣，使他們沒有退路，雖然他們回來之後可能會扁你，但是爲了能夠打勝仗，這點犧牲又能算得了什麼呢；命令士兵們到退無可退的敵國深處，這樣士兵們就會像時光一樣勇往直前。對待士兵要向對待羊群那樣，趕過去，趕過來，讓他們在不知道的情況下就到了最危險的地方，你的任務就完成了大半了，呼嚨他們玩他們，耶！對九種地形的不同處置方法，攻防進退的好處和害處，官兵們的心裡狀況，這些都是做將帥的應該認真研究和考察的。

在敵國境內打仗的一般規律是：進入敵境愈深，軍心就愈穩定；進入敵境愈淺，軍心就愈容易渙散。總之就是在愈容易逃跑的地方，部隊就愈不能打；在跑也跑不掉的地方，部隊戰鬥指數就會大升。請允許我再重複一遍：離開本國進入敵境作戰的地區就是絕地；四通八達的人來人往的地區就是衢地；深入敵國境內的地區就是重地；進入敵國那邊但離邊境線不遠的地區就是輕地；後面是險固前面是阻礙的地區就是圍地；跑都沒地方跑的地區就是死地。在散地，一定要做到軍隊意志的統一；在輕地，要使陣營緊密相連，這樣不但方便了大家的串門，而且還可以避免被敵人分開吃掉；在爭地，要讓後面的部隊迅速跟上，前後接應互相幫助；在交地，要搞好防守工作，天乾物燥，小心敵軍；在衢地，要和鄰國拉好關係，不管送銀子還是送美女，最好能和他們結盟；在重地，就要靠打劫補充糧草；經過圮地，就要快速閃過，彷彿白駒過隙一般的；不幸深陷圍地，就要奮起抵抗全力突圍；到了死地，就要看透塵世一切，準備和敵人拚命。總之，士兵們的心裡狀況就是：被包圍了他們就會加油抵抗，到了絕地就會拚命戰鬥聽從指揮。

不了解諸侯們的想法，就不要隨便去找人家結交，人家拒絕結交頂多也就是沒面子一點，如果在沒搞清楚狀況的情況下結交到敵人的盟軍，那就完蛋了；不熟悉沿途的路況地形，就不要亂跑；沒有請當地人做導遊，就不能很好的利用地利。這些方面一旦有一方面不了解，就不能成為王牌軍隊。王牌軍隊的厲害之處就在於，進攻別國可以讓敵人的軍民連戰前動員都來不及做；威懾力可以讓敵人的盟國不會派兵幫助。不用送禮去和諸侯們結交，也不用在各諸侯國安插自己的勢力，只要實施了自己的想法，威力一上來，就可以奪取敵人的城鎮，毀滅掉敵人的首都。實施超越常規的獎勵，頒佈與眾不同的號令，指揮幾萬人的軍隊就跟使喚一個人一樣。只讓部下知道該去做什麼，而不讓他們知道為什麼要這樣做；派部隊出去的時候，只告訴他們我們的有利條件，而不告訴他們有多危險。將士兵們投入危險的地方，才能轉危為安，因為在安全的地方根本就不用轉；將他們送入死地，才能九死一生。在危險的地方才能奪取最後的勝利。所以說，指揮戰爭這檔子事兒，在於考察敵人的戰略意圖，搞清楚我們應該主打的方向，千里之外，迅速地飄將過去砍了他的將領，這就是所謂的巧妙用兵成就勝利事業。

所以，在決定了要進行戰爭行動的時候，要把好城門，封鎖關口，不允許敵國的使者和旅遊團前來，特別要注意檢查的是有鬍渣的女人，她們很可能是男子假裝的；還有尾巴很大的綿羊，牠們的尾巴下面往往都藏著雞毛信。我方秘密謀劃，制定出戰略決策。一旦看到敵人那邊有機可乘，就要迅速出擊。首先要進行的就是奪取敵人的戰略重地，最傻的就是約了敵人，大家排好隊然後衝上去互砍。打仗一定不能墨守成規，要隨機應變因地制宜，靈活調整自己的戰術和行動。在戰爭開始之前要像少女那樣嫺靜，我們這裡說的是古代的少女，讓敵人放鬆戒備，暴露他們的弱點；一旦戰爭開始，就要像被摩托追的野兔那樣迅速行動，讓敵人衣服都沒來得及穿好就慌忙上場。

爆笑版實例一

砸鍋賣鐵打勝仗

章邯，字少榮，乃是秦朝最後一個著名的將領。陳勝吳廣起義之時，秦二世胡亥命他帶著從監牢裡面放出來直接穿上軍裝的犯人去鎮壓起義，章邯大勝，擊敗了陳勝、吳廣的起義軍。之後他又北渡黃河，去進攻趙國，將趙王歇包圍在了鉅鹿。趙王歇連忙向楚國求救。

趙王歇：「停！我們被包圍在了一個小城裡面，怎麼向楚國求救呢？二十一世紀的人寫文章就是不認真，喜歡呼嚨讀者。」

韓冬：「我向來是本著對讀者負責的態度寫東西的，熟歸熟，你這樣說我我照樣告你誹謗！」

趙王歇：「那你倒是給讀者說明，我們是怎麼向楚國求救的。」

韓冬：「這個嘛……在某某被包圍需要求救的時候，歷史書籍上一般都只寫某某向某某求救，某某前來救命，而沒有寫具體的過程。據我考察應該是用一種名為『千里傳音』的功夫喊過去的！」

趙王歇：「這是歷史不是武俠，還千里傳音，怎麼不說是用凌波微步跑去求救的呢！」

韓冬：「那會不會是挖條地道到楚國那邊去求救呢？」

趙王歇：「從鉅鹿到楚國至少也有幾百里的，等地道挖通的時候，我都不知道死了多少遍了，而且挖地道的過程中還指不定會碰到花崗岩、金礦、煤礦等挖不過去的地段。」

韓冬：「那會不會是托夢呢，在夢裡面告訴楚懷王你的情況？」

趙王歇：「我又不是鬼！」

韓冬：「找人化妝成不孕症患者夫婦，謊稱兩人要去北京看病，其實卻是去向楚國求救？」

趙王歇：「別說不孕症患者了，即便現在立刻就要生了，章邯也決計不會放人出城的！」

韓冬：「那到底是怎麼求救的呢？」

趙王歇：「不知爲不知，知之爲知之。不懂裝懂的人我最討厭了，你剛剛不是說知道麼？這個毛病往後要改啊！其實好簡單的……我在ＩＣＱ上跟他說的。」

韓冬：「……」

楚懷王接到趙王歇的求救之後，立刻派宋義爲上將軍、項羽爲次將、范增爲末將，帶領著大部隊前去救援趙國。

章邯乃是秦國的猛將兄，前面我們已經說過了，而上將軍宋義也明白這一點，因此他就非常懼怕和章邯交戰。帶領著部隊到安陽之後就駐紮在這裡，整天打獵，吃燒烤，舉辦文藝晚會，就是按兵不動，而且一動不動地持續了四十多天。

宋義：「好啊，你竟然把野雞大腿吃了，給我拖出去打！」

士兵：「大將饒命啊，大將饒命啊，我想你天天吃大腿吃膩了嘛，我再去給您打野雞回來！」

宋義：「這還差不多，去吧！」

項羽巡視軍營完畢剛好經過這邊，就走上來跟宋義說：「宋將軍，趙國那邊快撐不住了，我們再不出擊，任務就完不成了。」

宋義：「你好煩吶，你大還是我大啊？衝鋒陷陣，跟人單挑，我不如你；運籌帷幄，戰略戰術，你就差得遠了。打仗是要靠腦子的。」

士兵：「大將，又打來一隻好大的！」

宋義：「哇，不錯！升你做班長了。」

項羽：「宋將軍……」

宋義：「好啦！從今往後誰也不許再說出兵之事。如果有輕舉妄動，不服從命令的，斬！」

宋義說完就砍了那野雞，開始放在火上烤。項羽憤憤離去，走了幾步又回頭，拔出寶劍就將宋義砍了，自己做上了將軍，立刻下令黥布和蒲將軍率領兩萬人馬過漳河去救援趙國。黥布和蒲將軍過河之後，經過苦戰截斷了秦軍的糧草運輸，可是無力解救鉅鹿之圍。趙王歇又派人去跟項羽求救。

章邯驍勇善戰，就這樣衝上去打是無全勝把握的。項羽決定斷絕官兵們的後路，激勵他們的鬥志，他親率全軍過河之後忽然下令道：鑿沈全部的渡船，那些質量太好怎麼鑿都不沈的就讓之順水飄走；打碎所有的飯鍋拿去賣廢鐵；燒掉所有的營帳，每個人身上只背三天的乾糧。官兵們素來都懼怕項羽的威嚴，沒有一個人敢多問也沒有一個人敢多藏一天乾糧的，紛紛照著項羽的命令執行。項羽登高一呼：「現在沒船、沒房子、沒鍋了，此次一戰只能前進，後退就只有死路一條。」官兵們見一點退路都沒有，每個人都抱著必死之決心同秦國軍隊廝殺。項羽率領的楚軍一個打十個，九戰九勝。

章邯這邊：部將蘇甬被殺，王離被俘虜，涉間自焚，章邯逃遁而去，鉅鹿之圍得以解救。從此之後，項羽名揚天下。

韓冬Say

人在危急的時候，最能發揮出自己的潛能，這一點業已為無數的事實所證明了。不過這一招也是非常危險的一招，必須要建立在你對現場情況、官兵心思的透徹了解之上，不然必定陷自己於死無葬身之地的境況。

爆笑版實例二

人在城在，人亡城還在

卻說明太祖朱元璋死了之後，由他的孫子朱允炆繼承王位，這便是歷史上的建文帝。朱元璋有好幾個兒子，勢力都很大，朱允炆覺得這是對自己嚴重的威脅，決定削藩以確保安全。最後削到了燕王朱棣的頭上，朱棣擁有重兵，而且是個狠角色，對於傳位給朱允炆本就心存不滿，朱允炆現在竟然敢來削他，於是起兵造反，這便是明代初年的「靖難之變」。自西元一三九九年，朱棣從北平起兵，先後大敗了征虜將軍耿炳文、大將軍李景隆，佔領了德州，整個人顯得非常勇猛。

山東參政鐵鉉正往德州運送糧草，聽說德州已被朱棣佔領，立即將糧草拉回了濟南。鐵鉉知道朱棣遲早會來攻打濟南，於是找了參軍高巍前來商議。

鐵鉉：「還好得到消息早，不然這些糧草就白送給朱棣了。朱棣的目標是奪取首都金陵。要去金陵必要經過濟南，我們守住了濟南，便是保衛了首都。有沒有信心？」

高巍：「有信心，全力挺你！」

兩人又找來濟南守將盛庸、宋參軍商議，四人進行了深刻友好的會談。對濟南的重要性達成了共識，堅定了誓死保衛濟南的信心和決心。他們開始整頓兵馬，加固城牆。

先前戰敗的李景隆並沒有死，而是帶著殘兵敗將跑到了濟南。鐵鉉將李景隆接進了濟南城。

李景隆：「把濟南和濟南的兵都給我，我帶著出去再和朱棣老頭打一仗。」

鐵鉉：「要不你先去洗個澡換身乾淨衣服吧，現在的樣子這麼衰，怎麼帶兵出去啊？」

李景隆：「雖然我的樣子衰一點，但是我為國討伐叛賊的心絲毫沒有衰減，給我城給我兵馬吧！」

鐵鉉：「元帥你奉旨討伐朱棣，卻屢戰屢敗，被人追得到處跑。鎮守濟南城是我鐵鉉的責任，給了你，濟南一旦有個三長兩短，怎麼算啊？」

李景隆：「這樣啊，那你就堅守吧，朱棣很厲害的，一定要小心。」

鐵鉉：「收到！」

燕王朱棣終於帶著兵追李景隆到了濟南。李景隆雖然一直都在打敗仗，手下卻也還有十多萬的人馬，聽聞探子回報說，追來的燕兵只有三千人的時候，又摩拳擦掌地想出去跟人打仗。

鐵鉉：「李元帥，你還來啊？」

李景隆：「燕兵長途奔波，一定非常累了。我們等他們一到立刻出擊，定能取勝，這就是以逸待勞了，兵書我讀得很多的。」

鐵鉉：「燕兵強壯，跑那點路是不會疲勞到打不動仗的，而你的麾下官兵一直在打敗仗，士氣低靡。不如我們堅守濟南，我們現在是主場，有優勢，他們打不下，自然就退兵了！」

李景隆：「乘他們人少，讓我去打個勝仗吧，我迫切地需要一個勝仗來找回我做男人的尊嚴。十萬多人對三千人，即便是拿雞蛋砸這一仗我也贏定了。」

李景隆於是將自己十萬多部隊全部拉出城去擺陣等燕兵前來，陣還沒有擺好的時候，燕兵就到了，他們也不直接衝上來打，而是將兵馬分爲好幾路從不同方向衝將過來，而且衝進來的兵馬形神飄忽不定，搞得李景隆的部隊頭都暈了，陣勢大亂。李景隆又沒有能力調度好這麼多人，只能眼睜睜看著自己擺好的陣被衝得七零八落，李景隆部隊難敵燕兵的勇猛，扔了武器，躲的躲，逃的逃。李景隆茫然無措之間忽然聽到有人喊：「活捉李景隆有賞！」好多人就向他衝了過來，李景隆大喊道：「我不是李景隆，我是他雙胞胎弟弟。」可那些人還是喊著口號衝了過來，李景隆慌忙逃回濟南城。這下他徹底地喪失了做男人的尊嚴。

燕兵齊集，將濟南城圍得水泄不通。因爲先前鐵鉉他們已有準備，燕兵一時倒也難以攻下濟南城。朱棣苦悶之時，有一謀士前來獻上一計：「河高水低，引水灌城！」朱棣大喜過望，派人去挖開河道，大水灌進了濟南城中，城中百姓苦不堪言。鐵鉉站在城牆上望著水裡面游來游去的百姓卻也心生一計，他決定將朱棣引誘到城中殺之。鐵鉉召集了城中數百名百姓前來。他寫了一封降書，讓這些百姓們帶著他的降書出城去面見朱棣。朱棣以爲是大水起了作用，鐵鉉撐不下去了，真的要投降了，於是欣然應允，並讓百姓們回去告訴鐵鉉，明天他進城去受降。

鐵鉉早已爲朱棣準備好了一個重到千金重的鐵板，挑了力氣大的士兵將鐵板像卷閘門那樣藏在城門上方。第二日，朱棣按照約定時間前來進城受降，遠遠地看到城門就像拉鏈沒拉上一樣大開，城門內外跪的是大批百姓和赤手空拳的守城將士，他也沒有管這些人是不是武林高手或者他們身上有沒有藏暗器，就放心大膽地騎著馬走過吊橋走近城門。剛剛走到城門下面，那塊鐵板從天而降，卻只砸到了朱棣胯下之馬，放鐵板的人沒有計算好時間。馬倒了，朱棣被撂翻在地，朱棣的衛兵慌忙將朱棣扔上另一匹戰馬，朱棣遁去。城牆上的箭像天上的星星集體下流星雨一樣飛射過來，卻都沒有傷到朱棣，神奇得就像《英雄》裡面的場景一樣。朱棣跑過吊橋，跑回了營帳。

朱棣雖然沒有掛，但卻也被嚇得不輕，回營房好久了心還跳得撲通撲通的。他恨鐵鉉入骨，加緊了對濟南的進攻。怎奈濟南城內軍民萬眾一心，加上鐵鉉他們指揮有方，朱棣打了三個月也沒有拿下濟南。而此時建文帝已經派兵收復了德州之後向朱棣包抄過來，朱棣怕被前後夾擊，只好退兵。鐵鉉名震神州。

韓冬Say

愈是重要的地方我們愈需要死心塌地守護，千萬不能給敵人一點前進的機會。無論一場戰爭還是一場談判，最重要的也就只有那幾步和那幾個地方，在這些地方你一旦失守，將會陷入被動挨打的局面。記得，一定要挺住！

爆笑版實例三

嚴肅點，這是打劫

西晉短暫的統一之後，中國又陷入了動蕩紛亂之中，南方是司馬氏執政，歷史上稱作東晉。北方政權交替分割一片混亂，多為少數民族政權，史稱五胡十六國，時間為西元三〇四年至四三九年。這些少數民族政權不穩，也不會發展經濟，因此他們的物資什麼的基本上都是靠打劫得來。記得有一次，大夏國國王赫連勃勃親自率領精騎兵兩萬多，打進了南涼國境搶了數十萬頭的牛、羊、馬和很多的金銀財寶之後，便扛著牛羊趕著馬拉著金銀踏上歸途。

南涼國軍乃是名爲禿髮辱檀的一名脫髮症患者。聽到赫連勃勃竟然在光天化日之下前來打劫，報警是沒用的了，於是親率大軍前往追趕。

他的手下焦朗對他說：「赫連勃勃雄壯威武而且治軍有方，不如我們不要直接跟在他們後面追趕，我們繞到前進，在前面的險關處堵他們。一來可以避開他們的銳氣；另一方面我們有多點的時間來翻書查找戰勝他們的計謀。」

禿髮辱檀的大將賀連道：「好啦！焦將軍，不要以爲他名叫赫連勃勃就真的很勃勃了，我們有這麼多兵馬，而他又要趕牛還要扛著羊的，還怕打不過他麼？況且有我們這麼英明神武的禿髮大王親自帶領部隊，別說搶回我們的東西了，這次消滅赫連勃勃打下夏國都不成問題！」

禿髮辱檀甩了甩自己的頭髮道：「也沒有那麼厲害啦，不過英明神武這個成語用得好！」

禿髮辱檀下令全速追擊，幾萬兵馬洶湧而出向赫連勃勃的打劫部隊追去。

赫連勃勃正在半山腰走著，他的副將忽然下馬，趴在地上半晌一動不動。

赫連勃勃：「喂，幹嘛呢？」

他的副將示意赫連勃勃不要說話，自己依舊趴在地上。

赫連勃勃：「這個pose一點都不好看的，快走吧，牛羊都在叫呢！」

他的副將忽然站起來道：「恐怕南涼的人追來了，至少也有幾萬兵馬，剛剛我趴到地上就是在聽馬蹄的數量。」

赫連勃勃指了指山下遠處道：「他們的部隊就在那邊啊，用看的就成了嘛，還需要擺那麼難看的姿勢趴在地上聽嗎？」

副將：「大王，怎麼辦？」

赫連勃勃：「衝上去和他們打？不行，他們人多我們人少，而且大家都擅長騎兵打仗，恐寡不敵眾啊！」

副將：「那我們藏起來，躲在這個石頭後面，讓將士們捂住牛羊馬的嘴不讓牠們叫出聲來。」

赫連勃勃：「馬最恨別人動牠們的嘴巴了，會被踢的。」

副將：「那我們跑？」

赫連勃勃：「如果要跑的話，只能丟下這些牛羊和金銀財寶了。打劫的時候多不容易，我們這一路打著趕著牠們走又是多麼的不容易，現在放棄了太可惜了吧！有沒有辦法讓我們的人一個頂五個的？」

副將：「除非有興奮劑給他們吃。」

赫連勃勃明白興奮劑是沒有的，要想能讓自己的士兵一個打五個唯一的辦法，就是激勵士氣，置之死地而後生，讓他們就像吃了興奮劑一樣。赫連勃勃帶著副將去查看了附近的地形。

赫連勃勃：「你看到那個峽谷了沒有？」

副將：「是啊，峽谷中的水已經解凍，在陽光的照耀下閃著銀色的光芒，宛若一條哈達一樣美麗，啊，我愛大自然！」

赫連勃勃：「靠！你說人如果掉進水中的話會怎麼樣？」

副將：「這要看什麼樣的人掉下去了，如果是美女掉下去的話，肯定會有英雄救美的，那就沒事；如果是你掉下去的話，我肯定會奮不顧身地去救你的，也不會有事；如果是一般人掉下去的話，那就死定了，會被凍成冰棒的。」

赫連勃勃：「那就是說這就是死地了，就用這個地方。」

赫連勃勃回來後，命令士兵們去扔石頭將峽中的積冰全部砸開，又命令用所有能擋路的東西擋住了峽谷的出路，徹底斷絕了將士們的出路。目前擺在將士們面前的只有兩條路，要麼死在這峽谷之中，要麼擊退敵人帶著牛羊馬和金銀財寶高高興興地回家。

谷口。

禿髮辱檀：「好大的殺氣！」

他正在揣摩這殺氣的時候，夏軍就衝將過來，因爲已無退路，個個以一敵十和敵人拚命，一時間血肉橫飛。一支箭飛了過來，這不是普通的一支箭，而是一支會插到赫連勃勃身上的箭，果然這箭正中赫連勃勃左臂，頓時鮮血如柱。

副將：「哇，身體強壯的人就是不一樣，血竟然能像噴泉一樣射出來。」

只見赫連勃勃大喝一聲，將胳膊上的箭拔了出來，又揮舞著劍殺入敵營之中。夏軍將士見老大如此勇猛，更加奮勇殺敵，南涼軍隊終於被打退了。赫連勃勃以受傷之軀帶領著夏軍乘勝追擊八十多里，禿髮辱檀一敗塗地，僅剩的頭髮都差點被砍掉，帶著少數幾個親信逃命去了。

韓冬Say

容易被人包圍和搞定的地形並不都是沒有用處的。反正都是一死，不如做最後一拚，這是大部分人都會有的思想。赫連勃勃將部隊帶進了死地，斷絕了出路，目的就是激發官兵們同敵人決一死戰的決心，這種兇險的方法往往可以收到出其不意的良好效果。

火攻篇

火不光是可以用來玩的，還可以用來打仗。本篇就根據被燒對象的不同，將火攻分為五類。並給出了殺人放火的時機、條件等，讓您成為殺人放火的箇中高手，文章還講述了與放火配套行動的方式方法和注意事項。

孫子在本篇中又一次重申了「慎戰」原則。如果沒有好處或者好處很少，或者沒有把握拿到好處，就最好不要出兵。切不可因為人家的閨女不睬你，你就派將士們去征討。

原文

孫子曰：凡火攻有五：一曰火人，二曰火積，三曰火輜，四曰火庫，五曰火隊。行火必有因，煙火必素具。發火有時，起火有日。時者，天之燥也。日者，月在箕、壁、翼、軫也，凡此四宿者，風起之日也。

凡火攻，必因五火之變而應之。火發於內，則早應之於外。火發兵靜者，待而勿攻，極其火力，可從而從之，不可從而止。火可發於外，無待於內，以時發之。火發上風，無攻下風。晝風久，夜風止。凡軍必知五火之變，以數守之。

故以火佐攻者明，以水佐攻者強。水可以絕，不可以奪。

夫戰勝攻取，而不修其功者，凶。命曰費留。故曰：明主慮之，良將修之，非利不動，非得不用，非危不戰。主不可以怒而興師，將不可以慍而致戰。合於利而動，不合於利而止。怒可以複喜，慍可以複悅；亡國不可以複存，死者不可以複生。故明君慎之，良將警之。此安國全軍之道也。

另類譯文

孫子教導我們說，火攻的形式有五種，即：一是火燒敵軍的人和馬；二是火燒敵人的糧草；三是火燒敵人的輜重；四是火燒敵人的庫房；五是火燒敵人運輸設施。可以看得出來我們燒的都是易燃物品，像火燒敵人的土地就是不太可能實現的。放火要燒能點得著的物品，這一點之外還有很多條件，首先放火要在離消防隊稍微遠一點的地方進行，以免還沒燒著就被滅了，其次放火的器材要隨時準備好，確定你身上的確帶了打火機，而且是裡面有氣的能打得著的，最後放火還要像挑結婚的日子那樣選好日子。一定不要在下雨天或者行將下雨的日子放火，這是蠢人的所爲，同時放火最好選擇氣候乾燥的時候來，這樣才會燒得淋漓盡致。不下雨夠乾燥還不是最好的放火時機，如果能來點風就最好了，這就需要有一定的天文知識了，當月亮經過「箕」、「壁」、「翼」、「軫」這四個星宿位置的時候，就是起風的時候，一定得要看準了。

火起來了，我們不應該站在旁邊看紅火。放火只是手段，消滅敵人才是目的。運用火攻，必須根據上述五種火攻造成的敵軍那邊的變化，靈活地進行配套行動，如果我們是從敵營內部放的火，就應該及時派兵從外部接應或者衝擊。火已經燒起來了，敵人的屁股也在著火了，但是他們卻保持非常鎮定的樣子，我們就應該耐心地等待，而不應該馬上進攻，看看敵人是不是強裝鎮定還是穿了避火內衣。等火勢更大的時候，要毀敵人的容的時候，敵人是不是還那麼鎮定，能進攻就進攻，不能進攻就讓火繼續燒著，自己人立刻撤離。當我們從敵人營房的外圍放火的時候，就不用等待內應了，儘管挑時間放火便是。火在上風燃燒的時候，千萬別從下風進攻，會燒到自己人的頭髮和眉毛的，那時空氣中將會蕩漾著燒焦蛋白質的味道和自己人的哎呀聲。白天颳風時間長了，晚上就容易停止，所謂「一日之計在於晨」說的就是這個道理，放火要趁早，加上白天一天的風，這樣才可發揮最大效力。將領應該懂得靈活運用五種火攻的方式，敵人的樣子到底合適讓我們燒他們的什麼呢，得要根據實際情況仔細分析，等到具備防火條件的時候，便可進行殺傷力極強的火攻了。

用火來輔助軍隊進攻，效果很好；用水輔助軍隊進攻，可以助長我方的攻勢。水只能分割和隔絕敵軍，而不能毀滅敵軍的軍需物資。要說啊，要讓敵人難過還是這火比較好用。對於敵人來說，水少了只能打濕敵人的衣服，水多了也頂多淹死幾個不會游泳的，而且上哪去弄那麼多的水來還是個問題，火就不同了，燒不死至少也可以毀了他的容，而且放火很容易，只需要一個攜帶很方便的打火機即可；對於敵軍的糧草來說，用水泡了，晾晾還可以吃，而且還有可能生出口感好的富含維生素的麥芽糖來，用火就不同了，可以把糧草燒得乾乾淨淨。

打了勝仗，搶了敵人的土地和城池，卻不能鞏固勝利成果，這是很危險的，這種情況就是我們所說的「費留」。什麼是「費留」呢？就是勞民傷財結果還損失軍隊的戰鬥力。明智的國君要慎重地考慮這個問題，智慧的將帥要嚴肅地對待這個問題。沒有好處就不要去打，沒有全勝的把握就不要出兵，不到忍無可忍就不要開戰，雖然我整本書都是教大家怎麼打仗的，但是實際上打仗並不是什麼好玩的事情。國君決不可因爲一時的憤怒，因爲敵人的挑逗，因爲覺得對方的女兒不給你面子就發動戰爭，將帥也不能因爲對方對你豎一下中指就衝出去拚命，做人應該心胸寬廣些才好。考慮好真的符合國家的利益，能有好處的才用兵，不符合國家的利益，沒有好處就停止用兵。憤怒可以重新變爲歡喜，追不到他女兒可以追別人的女兒，氣憤也可以重新變爲高興，可一旦國家滅亡了就變不回來了，人死了也活不過來了，除非是裝死。綜上所述，對待戰爭這樣重大的問題，聖明的國君應該慎之又慎，聰慧的將帥應該提高警惕，這其實才是國家安定軍隊保全的根本道理。

爆笑版實例一

水淹智伯——

智伯乃是春秋時期晉國的四卿之一。晉國雖是戰國初期的大國，但國家大權卻不是晉王掌握的，而是由智伯、韓康子、趙襄子和魏桓子長期把持。其中尤以智伯勢力最大，他經常威脅晉王侮辱大臣，非常地囂張，比如有次開會：

大臣甲：「大王，我覺得農民負擔太重了，在農業賦稅上應該給予減免。」

智伯：「減什麼免什麼啊？農民不交錢我們哪來的山珍海味吃，哪來的寶馬車坐啊？看你一副農民出身的樣子，鄙視你！大王不用想了，反對！」

大臣乙：「大王，現在有很多下流書籍流傳在民間，嚴重地影響了我國青少年的成長發育，我覺得應該自上而下地進行一次大清理。」

智伯：「這也是性教育的一種方式啊，看你頭冒虛汗好像很腎虧啊，是不是看了那些書之後力不從心才這麼說的？哈哈哈，反對！」

大臣丙：「大王……」

智伯：「反對！」

大臣丙：「我都還沒說呢?!」

智伯：「不用說啦，你長這麼難看也好意思出來議論國家大事，還真是臉皮厚。回家整整容再來吧！散會！」

晉國大臣對智伯都非常有意見，可是因爲他勢力太大，大家紛紛敢怒不敢言，只盼著他早死。

囂張的人都是一樣的，謙恭的人各有各的謙恭。智伯不可能只停留在對朝中那些勢力弱小的大臣的侮辱和欺負之上，他不允許任何人的勢力超過他甚至接近他，而目前就有另外三卿的勢力非常強勁。智伯終於採取了行動……西元前四五五年，他以晉王的名義要求趙、魏、韓三家各拿出一百里的土地和戶口送歸公家，而且不許他們從這些地上搬走任何東西。這樣做表面上是爲了公家要地，實際上則是爲了削弱其餘三家的勢力，三家人心裡也都明白。韓康子和魏桓子怕如果不交地的話，智伯會整他們，於是含著眼淚交出了土地和戶口，而趙襄子卻一口回絕了這個無理的要求道：「我的土地是先人們留給我的，怎麼可能隨便送給別人？」智伯派去的人回來後，將趙襄子的話彙報給智伯，智伯聽後非常生氣，立刻派人去將魏桓子和韓康子召集到自己的府中。

智伯：「趙襄子竟然不交出土地和戶口，你說過不過分？」
韓康子：「不過分啊！」
智伯：「啊？」
韓康子：「但是他說土地是他自己的就太過分了！普天之下莫非王土，他竟然說出這麼大逆不道的話，太過分了，我要帶兵去打他！」
智伯：「好！魏桓子你是什麼意見？」
魏桓子：「你們也都知道我是個性格懦弱的男人，一個沒有主見的男人了，還問我！」
智伯：「趙襄子違抗國君的命令，太過分了！我決定我們一起去滅了他，然後分他的地和他的戶口。」
魏桓子：「好！趙襄子的地分成三份好像沒辦法平均啊！」
智伯：「誰說要平均了，我一大塊你們一人一小塊！」
韓康子：「哇……」
智伯：「嗯？怎麼，有意見？」
韓康子：「沒！公平，絕對的公平，桓子你覺得呢？」
魏桓子：「同意！」

韓康子和魏桓子雖然心裡生著智伯的氣，但又不敢不聽智伯的話，更何況滅了趙襄子之後，還會有田地和戶口分，雖然少一點，不過有總比沒有好。他們三個人於是都帶著自己的部隊前去討伐趙襄子。一個人打三個，襄子知道自己是打不過的，連忙帶著自己的人民退到先主趙簡子的封地晉陽。晉陽城牆堅固，防禦設施完備，裡面還有足夠的糧食，加之趙襄子又深受百姓的愛戴，一時間在防禦上趙襄子這邊倒也占盡了天時、地利、人和。

進攻方以智伯為首，將晉陽圍得水泄不通，不時地發起進攻，而城內以趙襄子為首，百姓們同仇敵愾和智伯他們進行殊死的鬥爭，這一打就是兩年。智伯和韓、魏三家依舊在晉陽城外進行包圍，而趙襄子依舊在城頭上穿著披風很帥地看著他們。韓康子和魏桓子本就只想在家享清福，不願意出來打仗，要命的就是這一打就是兩年，他們已經厭戰到聽到進攻的鼓聲就要吐了。智伯這邊勞民傷財不說，還顧不上欺負朝裡的大臣了，一方面心中不爽，另一方面怕朝中有什麼變故，絞盡腦汁地想著儘快取勝的辦法。

這是一個春天的下午，從吃完晚飯到新聞開始之前的這段時間，是散步和對著夕陽裝氣質的最好時間。智伯吃完晚飯約韓康子和魏桓子出去散步。

韓康子：「都是些男人，又沒有美女，有什麼好散的？」

魏桓子：「我要看Playboy，我也不去！」

智伯：「所謂的沒理想、沒志氣，就是你們這樣的！」

說完之後，智伯就出門了，他喜歡站在山頂的感覺，「會當凌絕頂，一覽眾山小」，讓他有一種天下唯我獨尊的感覺。他開始爬山了，雖然他年紀不小了，但是他爬得非常輕鬆，因爲每次他爬山都是由一個叫韓冬子的僕人背著他爬的。

「山頂微風撲面，遠處殘陽如血，智伯獨上高山，望盡天涯路。」韓冬子念詩爲智伯助雅興。

「嗯，好詩，好詩！要是沒有你的詩，沒有你看著我的話，這氣質還真是裝得了無樂趣了呢！」智伯道。

智伯看到一條河，一條很普通的河，今天他終於注意到了這條河。這條河名叫晉水，遠道而來，繞晉城而去。

韓冬子看智伯望著那條河立刻開始助興：「一條大河波浪寬，風吹智伯鬍子飄……」

智伯大叫一聲：「有了！」之後就一路狂奔下山。韓冬子望著遠處陷入沈思，人一上年紀是不是都會這樣瘋掉？平常都是他背著智伯下山的。

智伯下山之後，就立刻召集了工程兵前去晉水上游修築了一個巨大的蓄水池，然後又修了一條河渠通往晉陽城，接著又在城外部隊的營地外建築了一條大水壩。

韓康子：「智伯這是要幹嘛？發電麼？」

魏桓子：「你也知道我是個懦弱的男人，沒有主見的男人，你又問我！」

智伯修完那些東西，就命令將士們整天求雨，求了幾個月之後，雨季終於來了。

智伯不停地念著：「下吧，下吧，我要開花！」

雨水終於將晉水上游的蓄水池填滿了，智伯立刻命人將蓄水池挖開，河水順著河渠洶湧而來，晉陽城就被泡在了水中。智伯他們這邊因爲先前修了水壩，所以沒有水漫過來。晉陽城內的居民們同洪水和智伯進行著艱苦卓絕的鬥爭，他們爬上房頂，登上只有六尺沒有被淹到的城牆堅持守護晉陽城。他們將木板、洗衣盆等改造成小船，在城內運送物資，他們坐在房頂上和城牆上垂下魚杆釣魚，寧死也不投降。智伯站在山頂上看著晉陽城的情景大笑道：「原來河水也可以這樣用，我今天才知道。哈哈哈……」

城內人民固然堅強，可是總被這樣泡著也不是個辦法，趙襄子非常著急找來了自己的家臣張孟商議。

趙襄子：「咦，你怎麼穿成這樣？」
張孟：「到處都是水，只穿泳褲來去自如一點。怎麼辦啊這樣，好多房子都被泡倒了，再這樣下去城牆也會倒的！」
趙襄子：「爲今之計只有聯絡魏桓子和韓康子了，看他們也都是迫於智伯的淫威才來攻打我們的，並不是真的想幫智伯的。今天我們被滅了，明天可能就是他們。你游泳游得好，就去給他們轉達一下這個意思吧！」
張孟得令之後，趁著夜色去找了魏桓子和韓康子。
韓康子：「看你衣衫不整的樣子，裡面的情況似乎不妙吧！」
張孟：「這是泳裝！沒文化。我們老大說要和你們聯合起來消滅智伯，一起分智伯的土地和戶口。」
魏桓子「智伯的土地和戶口倒是多一點，能多分一點。對了，是不是三個人平分？」
張孟：「絕對平分。智伯的性格你們又不是不知道，貪得無厭，下流無恥。今天他用晉水淹我們，明天他就會用汾水淹魏都，後天就用滏水灌韓都……」
韓康子：「有沒有這麼快啊?!不過很有道理啊！魏桓子你覺得呢？」
魏桓子：「怎麼又問我？你說什麼就什麼吧！」

魏桓子和韓康子一方面擔心和趙襄子一樣的下場；一方面又覺得有好處的，於是同意了張孟聯合起來對付智伯，並且商定好了對付智伯的辦法。兩天後的晚上，月光皎潔，趙襄子、魏桓子和韓康子一起行動，先做掉了守護大堤的士兵，然後挖開了護營大壩，滾滾晉水湧入了智伯的營中。智伯在夢中只覺得晃晃悠悠，以爲自己又回到了媽媽的懷抱，醒來一看自己已經漂在了水中，連忙起來逃跑，可是又怎麼能從趙、魏、韓三個人的手中逃脫呢？智伯終被殺死，而他的士兵也都葬身洪水之中。於是晉國大權落入趙襄子、魏桓子、韓康子三家手中，形成了後來的趙國、魏國和韓國。

韓冬 Say

想放水淹人卻被人用水淹，玩火者必自焚說的就是這個道理了。這就提醒我們，運用大自然的力量或者運用火的力量都需要注意的一點就是：最關鍵的還是人的力量，別的東西都只是輔助。

爆笑版實例二

大象與阿育王

西元前二七三年的一天，印度皇宮。

婦產科太醫：「恭喜皇上，賀喜皇上，又有一個王子降生了。」

國王賓頭沙羅：「這麼普通的事情也來報告！」

婦產科太醫：「稟告國王，這個兒子不一樣啊，他一生下來就會笑。」

賓頭沙羅：「一生下來就笑？會不會是神經病或者說他天生就長得是那樣？帶我去看看。」

此時恒河流域的印度基本上已經完全統一了，國王賓頭沙羅除了不知道計劃生育之外，別的方面都做得挺好的，比如禮賢下士，注重發展生產等，整個印度國人民安居樂業，經濟快速增長。

國王終於看到了新出生的王子，新出生的王子也看到了他，一看到國王，新出生的王子笑得更厲害了，幾乎都要笑出聲音來了，還連忙拿出自己的小手捂住了自己的嘴巴。

婦產科太醫：「你看，我沒有騙你吧，他真的一生下來就會笑耶！」

賓頭沙羅：「笑倒是真的會笑，不過看他的樣子好像是在笑我啊……」

皇后：「這麼可愛的孩子我還是第一次見啊，一生下來就這麼快樂無憂的樣子。不如我們就叫他阿育王吧！」

阿育王的意思就是快樂無憂，在皇宮裡面阿育王成長得非常順利，發育得非常正常。而他比起別的兄弟姐妹們又多了幾分才華、多了幾分深沈。

叛亂不獨中國會有，印度也會有。某一天，印度南部的一個省出現了叛亂，國王將他所有的兒子都召集了過來。

國王：「哇，這麼多啊，沒有人是冒充的吧！大家報個數，我看看我有多少個兒子。」

兒子們挨個兒報了數，一共是八十八個。

國王：「八十八個兒子，數字還挺吉利的。今天我叫大家來，是想在你們中間挑選一個人去鎮壓叛亂，你們誰願意去的就舉手！」

阿育王和幾個已滿十八歲的兒子都舉起了手，他們心中明白這次鎮壓叛亂是立功的最好機會，將來能不能繼承王位就要看這次了。

國王：「這麼多人想去？看來只有通過考核來決定讓誰去了。請聽題，如果你平定了叛亂，叛軍全部都跪在你的腳下聽候你的發落，你將如何處置？我再念一遍題目，如果你平定了叛亂，所有的叛軍都跪在你腳下聽候你的發落，你將如何處置？開始回答！」

一個王子：「我會把他們都帶到首都來，將他們作爲禮物獻給國王您！」

國王：「你確定是這個答案麼？」

一個王子：「呃……」

國王：「時間到！你可以退出了。你竟然要把他們都帶回首都來，難道你還覺得首都不夠擁擠的麼？下一個。」

另一個王子：「我會以我的寬容，我的仁慈來感動他們，感化他們。如果他們還心存戾氣的話我就讓他們打我罵我，直到他們都明白捨生取義的道理，直到他們全部都變成高尚的人之後，讓他們重新建立王國，自在地生活。」

國王：「嗯，王子中就數你最溫文儒雅了，我喜歡！來人，把這個王子拉出去人道毀滅了。下一個。」

阿育王：「如果我打了勝仗，不管這些亂臣賊子們態度多麼的謙恭，多麼的賤格。說多好聽的話，怎麼誇我，我都會將他們全部砍頭，一個活口都不留！」

國王：「哇……你怎麼可以這麼狠心，但是我欣賞你，好，這次就派你去鎮壓叛亂。」

十八歲的阿育王統率著十萬大軍前去鎮壓叛亂。出發那天他騎著大象，穿著超人衣服，手拿著國王給他的寶劍樣子非常英勇。在首都人民的歡呼聲中，他率軍走出首都，帶著部隊往南部開去。阿育王不負眾望，很快地就攻破了叛軍的城池。幾萬叛軍俯首稱臣，阿育王首先將叛軍大大小小的首領全部砍了頭，剩下的人一看嚇得腿都軟了，跪在地上跟阿育王求饒。

有人：「我是被逼的，因爲那些壞蛋抓了我的兒子，說如果我不參加叛亂，就要讓我的兒子去玩網路遊戲，讓他深陷其中不能自拔。我爲了兒子才參加叛軍的，其實我心中一直都沒有忘記我是國王陛下的臣民，饒了我吧！我願意終生爲你做牛做馬。」

還有人：「我還年輕，我還沒有結婚沒有過女人，我不要死……嗚哇……」

又有人：「我上有八十歲的老母，下有三歲的孩子，如果我死了，他們都沒辦法活下去了。身爲一個男人，你應該明白男人身上的責任之重了，男人的命不是自己的，是好多人的。你留著我這條命吧，我們全家從今往後天天祈禱你健康長壽。」

仍然有人：「我只是一個弱女子而已，都是被逼才參加進來的，如果王子你放過我的話，我一定會讓你嘗到什麼是人世間最美妙的感覺的。好不好嘛！人家都這樣說了……」

接著有人：「啊，怎麼這麼多人跪在這裡，不好意思，打擾了，我過路的！」

幾萬人的哭聲喊聲響成一片，這場景可謂驚天地，泣鬼神。阿育王高高地坐在上面，就好像眼前的這一切都跟他無關一樣，他只淡淡地說了一句：「全部都殺了，一個不留！」十萬士兵齊揮刀砍向叛軍的脖子，大頭小頭落玉盤，幾萬名俘虜全部被砍。阿育王帶著得勝後的部隊，帶著無限的喜悅往回趕。經過這次戰爭，他已經樹立起了足夠的威信，國王的位子應該非他莫數了，他心裡面想著，臉上笑著，就像剛剛出生的時候一樣。

走到首都跟前的時候，他得到了一個令他不敢相信自己耳朵的消息：「國王前段時間已經死了，大王子坐上了皇帝的寶座。」

阿育王：「這個禽獸，竟然趁我不在搶了老大的位子。人人都知道老爹最喜歡的是我。我才是應該登上王位的人！」

士兵們異口同聲地喊：「阿育王是印度的國王，阿育王是印度的國王。」

這時一個農婦忽然拉開自家院門，從裡面走出來對著阿育王和他的士兵們大喊道：「別吵啦，我老公在睡午覺呢！」說完之後轉身進屋狠狠地關上了門。

士兵們都看著阿育王。阿育王道：「看什麼看?叫你們不要那麼大聲的嘛！前進！」大軍行至首都郊區的時候，被一隊軍隊攔住了。帶頭的那個人很威猛地喊道：「國王有令，阿育王不再是王子，而是叛國賊，就地處死！」還沒有喊完就被阿育王一刀砍了頭。阿育王一聲令下：「衝咯，衝咯，殺進城去搶位子咯！」阿育王的士兵個個英勇善戰，國王的部隊根本不是他的對手，還不到一頓飯的時間，阿育王便佔領了首都。阿育王將他的哥哥姐姐弟弟妹妹們一百零八個全部都召集了起來，小的時候搶過他的棒棒糖的，跟老爸告過他的黑狀的，尿床之後賴給他過的，他看著不順眼的全部都殺了，一百零八個兄弟姐妹被他殺得剩了十來個。

一個大臣站出來道：「前國王生這麼多孩子身體消耗多大啊，養大他們又費了多大的力氣，你今天一下子差不多就要殺光了，太過分了！」

這個大臣於是也被砍了頭。眾大臣見狀慌忙跪在地上大呼：「阿育王萬歲……」阿育王終於登上了印度國王的位子。

王位坐牢以後，阿育王就開始向外擴張，因爲部隊驍勇善戰，不到八年時間，整個恒河流域全部成爲阿育王的領地。在他們的南部，有一個強國名叫羯陵國。這個國家經濟發達，軍事力量強盛，尤其是他的七百戰象十分的威猛。阿育王攻佔了別的國家之後，將目光指到了羯陵國，並暗自發誓一定要攻佔羯陵國。

在他當上國王的第八年。他率領著十萬精兵浩浩蕩蕩地殺向羯陵國。走到恒河跟前，他對身邊的大將說：「恒河水是什麼顏色的？」

大將：「若非我色盲的話，應該是藍色的。」

阿育王：「不久之後它就會變成紅色的。」

大將：「好，大王，我也已經決定了血濺沙場，用我的血映紅天空和大地，用我的血染紅恒河……」

阿育王：「幹嘛這麼激動？我是說要用敵人的血染紅這蒼茫的河水！」

兩軍終於相遇了，阿育王的優勢在於行動敏捷，身手厲害的步兵；羯陵國的強項是戰象陣。雙方都很重視這場戰爭，羯陵國的國王也親自到戰場上來督戰。阿育王和羯陵王兩人先做著各種各樣的挑戰和侮辱對方的手勢鬼臉，雙方的怒火終於都被挑起來了，戰爭打響了。雙方步兵進行了慘烈的廝殺，阿育王麾下的步兵果然厲害，他們勇猛且下手極狠，羯陵國的步兵開始退卻。阿育王命令騎兵從羯陵步兵兩翼包圍，印度騎兵像兩條閃電一樣插入敵軍兩側。羯陵部隊開始正式退卻了，阿育王指揮著騎兵步步進逼，就要將敵人的部隊包圍的時候，他們的大象出來了。再肸再猛的馬在大象面前也還是顯得很瘦弱的，更何況羯陵的戰象都是經歷過戰爭的大象，都是勇敢的大象。牠們的鼻子輕輕一掃，騎士就被掀翻過去了，印度的騎兵在羯陵的大象面前完全失去了優勢和氣勢，終於被殺得大敗而歸。

阿育王怕大象不敢進攻，羯陵王守著駐地也不出戰。雙方部隊就這樣處於僵持狀態地歇著，歇得一久，阿育王那邊的糧草就不夠吃了。阿育王非常著急，冥思苦想著破敵之計。有一天他們抓到了一個羯陵國的老頭，通過一系列的檢查確認了這人的確是個老頭，而不是女扮男裝也不是年輕人老年裝。阿育王便下令要殺了這個老頭。老人家大叫道：「手下留情！」

阿育王：「你應該知道我的習慣的，凡是敵軍的人都要殘忍地殺害之。」

老頭：「人老了，眼睛也花了。硬是將你們的旗子看成了我們國家的旗子，走錯路到這裡來了，這樣死了我太冤枉了吧！」

阿育王：「老成這樣了，你活著也沒什麼意義了，你就從了吧！」

老頭：「是嗎？看來你不想知道怎麼才能破羯陵的戰象了！」

阿育王：「啊?!你知道破戰象的方法？如果你能告訴我的話，我就讓你成爲全國最富有的老人家。」

老頭：「當然知道了，我就是養大象的嘛！其實大象也有牠害怕的東西，正如狗怕棍子，男人怕老婆一樣，大象害怕的就是火！」

阿育王：「火？」

老頭：「沒錯。就是某一種物質達到燃點之後和氧氣產生化學反應之後產生的火。大象只要看到火就會四處奔跑，就好像丟了魂那樣。」

阿育王將手上最大的兩顆寶石卸下來給了這位老人家，央求他帶著自己的部隊前去羯陵的大象營地。老頭答應了。第二天晚上，阿育王挑選了五百名跑得快，眼神好，有兩年以上放火經驗的士兵去偷襲敵軍的大象營地。他們每人背著一捆柴火，在老人的帶領之下，秘密地進入了羯陵軍的營部，這天晚上沒有月光，到處都是一片漆黑。阿育王部隊找到了戰象營地，將背來的柴火分成了四堆，同時點燃，剎那間火光沖天。羯陵國軍中的戰象一看到火就像受驚了似地亂叫亂踢亂咬，火借著風勢愈來愈大，最後竟將軍營四周的欄杆都燒斷了，大象們像要趕著去投胎一般地衝了出來，整個軍營亂作一團。阿育王帶著部隊四面圍攻，阿育王下令殺無赦，好多羯陵士兵還沒從睡夢中醒過來就變成了死人。

一夜折騰之後羯陵大敗。這場會戰中羯陵國一方被殺的人就達到了十萬，阿育王從這裡掠奪走了十五萬人當奴隸。於是，整個印度全在阿育王的統治之下了。

韓冬Say

大象很大，很厲害，尤其是羯陵的戰象。再強大再厲害的力量也都有他可以被攻破的弱點，就像練鐵布衫的人會有死穴，羯陵國的戰象怕火一樣。對待強大的敵人也是一樣，我們需要仔細觀察，多方面了解其弱點，一招即勝。

用間篇

在戰爭這樣費勁費錢的事情上，用間諜，不但是聰明的表現、明智的選擇，而且是對人民負責、對國家負責的舉動，誰如果在戰爭中不用間諜，我們就要批判誰就要鄙視誰。

根據實施戰略偵察的原則和方法，在本篇中孫子將間諜分為五類，並給出了他們不同的特點和各自的用法。間諜這份職業是充滿了挑戰和危險的，本篇還對從事間諜工作的人致以崇高的敬意，並提醒領袖要給予從事間諜工作的人優厚的待遇。

原文

孫子曰：凡興師十萬，出征千里，百姓之費，公家之奉，日費千金；內外騷動，怠於道路，不得操事者，七十萬家。相守數年，以爭一日之勝，而愛爵祿百金，不知敵之情者，不仁之至也，非人之將也，非主之佐也，非勝之主也。故明君賢將，所以動而勝人，成功出於眾者，先知也。先知者，不可取於鬼神，不可象於事，不可驗於度，必取於人，知敵之情者也。

故用間有五：有因間，有內間，有反間，有死間，有生間。五間俱起，莫知其道，是謂神紀，人君之寶也。因間者，因其鄉人而用之。內間者，因其官人而用之。反間者，因其敵間而用之。死間者，為誑事於外，令吾間知之，而傳於敵間也。生間者，反報也。

故三軍之事，莫親於間，賞莫厚於間，事莫密於間。非聖智不能用間，非仁義不能使間，非微妙不能得間之實。微哉微哉！無所不用間也。間事未發，而先聞者，間與所告者皆死。

凡軍之所欲擊，城之所欲攻，人之所欲殺，必先知其守將、左右、謁者、門者、舍人之姓名，令吾間必索知之。

必索敵人之間來間我者，因而利之，導而舍之，故反間可得而用也。因是而知之，故鄉間、內間可得而使也。因是而知之，故死間為誑事，可使告敵。因是而知之，故生間可使如期。五間之事，主必知之，知之必在於反間，故反間不可不厚也。

昔殷之興也，伊摯在夏；周之興也，呂牙在殷。故唯明君賢將，能以上智為間者，必成大功。此兵之要，三軍之所恃而動也。

另類譯文

孫子教導我們說：點兵十萬，出征千里，人民群眾的耗費，公家的開支，每天銀子嘩嘩地往外花；前方打仗，後方人民又要應徵去當兵，又要擔心家人的安全，妻子們還要花大量的時間到村口向遠方眺望，如此一來不能從事正常耕作工作的農戶又達到了七十萬家。雙方在戰場上相持數年，過年都不肯回家，就是爲了能夠決勝於一旦之間，如果將帥因爲吝嗇金錢和官職而不肯用來重賞間諜，沒有間諜就會因爲不能了解敵情而導致戰爭失敗，那他就是不仁不義到極點了，是應該被眾人強烈鄙視的。這樣子的人不配做軍隊的將帥，也算不得是國家的輔助，更加不是勝利的主宰，根本就是誤民誤國的罪人。

智慧與美貌並重的君主和將領之所以能夠一出兵就戰勝敵人，建立不朽功勳，就是因爲他們能夠事先了解敵人那邊的情況。要了解敵人那邊的情況，不能靠猜的，也不能靠夢的，鬼神也是靠不住的，按照以往類似的事情推測也是不準的，用日月星辰的運行來推測更是鬧著玩的，總之所有事情都只能是眼見爲實，要想了解敵情就必須派人去那邊透窺，從他們口中獲得訊息。

運用間諜的方式有五種：鄉間、內間、反間、死間、生間。所謂鄉間，是指利用敵人的同鄉做間諜，同鄉好拉關係溝通起來也方便一點，以免傳遞消息我方人員聽不懂他說什麼；所謂內間，是指利用敵方的官員做間諜，敵方官員能夠得到敵方最新最準的消息；所謂反間，是指利用敵方的間諜作爲我們的間諜，既可以得到敵人的最機密情報，又可以傳遞假情報給敵人，一間雙用的間諜，所以花費也會比較大；所謂死間，就是製造虛假的情報，通過潛入敵軍的我們的間諜傳給敵方間諜，一旦情況敗露，我方間諜將會光榮犧牲；所謂生間，就是腦子裡面裝著敵情，並且可以活著回來報告我們的間諜，這是最原始的一種間諜。

所以，對於國君和將帥來說，應該和間諜最親近，給間諜最高的薪水，和間諜談論事情最秘密。有好的能拿得出手的女兒儘量嫁給間諜，和間諜談事兒的時候最好到地下室去。笨蛋使用不了間諜；吝嗇的人指使不動間諜；沒有經驗又不精明的人分辨不出來間諜送來的是不是真的情報，也弄不清楚自己的間諜是不是已經成了敵人的反間。啊，好微妙啊，好微妙！任何時候任何地方都可以使用間諜。不但和間諜談論事情要隱密，間諜的身分也要最機密，如果間諜還沒派出去，大家就已經知道了間諜的姓名、性別、身高、愛好、喜歡的顏色等重要情況，那麼就應該將間諜和大家都處死。

如果我們要攻打敵人的軍隊，攻佔敵人的城堡，刺殺敵方的官員，一定要預先了解到對方主管將領、他的左右親信、掌管資訊傳達的官員、守門員以及門客幕僚們的姓名，最好能有他們的照片，這些都需要指令我方的間諜去偵察搞定。

在我方派去間諜的同時，敵人也會派來間諜到我方軍隊裡面。一定要揪出內鬼，通過威逼利誘，灌辣椒水，讓醜女嚇唬要取他貞潔等方式讓他爲我所用，等他同意之後放他回家，這樣反間就爲我所用了。反間回家後通過拉攏腐蝕和策反等方式，鄉間和內間就爲我所用了；通過反間了解地方情況，這樣就可以讓死間傳送假的情報給敵人；通過反間了解敵情之後，就可以讓生間活著回來彙報敵方情況。五種間諜的運用，君主都一定要搞清楚狀況，誰是什麼間，誰是幹什麼的，一定要瞭如指掌。從上面可以看出，最重要的就是反間了，反間即爲間中之間的間，對於他們一定要給予特別優厚的待遇才對。

從前殷商之所以能夠興起，在於重用了曾在夏朝爲臣的伊摯，他對於夏朝的情況瞭如指掌；而周朝的興起則在於重用了姜子牙，他對商朝的內情很了解，而且還會法術。所以聰明伶俐的國君和智慧賢能的將帥，會選擇頭腦清楚又擅長撒謊的人做間諜，這樣就可以建功立業。這是用兵過程中重要的一步，整個部隊軍事行動的決定都要依靠它提供的敵軍軍情。

爆笑版實例一

窩窩頭和榨菜——

陳平乃是漢高祖劉邦有名的謀士，同蕭何和張良一起稱爲「閃亮三兄弟」，又稱漢初三傑，他曾經爲漢高祖六出奇計。「六出奇計」後演變爲成語，泛指出奇制勝的謀略。西元前二〇四年，劉邦被項羽大軍包圍在滎陽城中一年有餘，並徹底地斷絕了漢軍的糧草和外援。劉邦非常著急，但卻一時無計可施。他想起了謀士陳平，陳平在每次困難的時候總會有好的辦法拿出來。他大步跑到陳平的房間。

劉邦：「陳平你在幹嘛？」

陳平：「正在研製一種能方便乾淨而又快速地削去蘋果皮的機器，這樣一來侍女們就不用那麼累還經常切到手了。」

劉邦：「哇！我們被包圍了耶，現在糧草進不來，援軍也聯繫不上，你還有心思研究這玩意兒！」

陳平：「計策我早就有了！」

劉邦：「啊！那你又不早說。」

陳平：「你也沒有來問我啊。等等，這個機器已經研製得差不多了，就快好了！」

劉邦聽聞陳平已經有了計策，心裡面也就放寬了許多，湊上前來觀看陳平到底在做什麼東西。

劉邦：「看上去似乎很神奇的樣子。這個東西只能削蘋果麼？能不能用來削南瓜或者馬鈴薯什麼的？」

陳平：「……我忽然沒有心情搞研究了。我們還是來討論一下怎麼搞定楚軍吧！依你看來，項羽是個怎麼樣的人？」

劉邦：「一個非常強壯，善於打仗，而且還讓女人著迷的男人！」

陳平：「你這麼喜歡他？怎麼說的盡是他的優點。他這個人猜忌多疑，而他依靠信賴的也只是范增、鍾離眛、龍且等人。每次有人立了功需要獎賞的時候，他又捨不得爵位、捨不得錢，所以好多人都不願意跟著他。大王你如果能拿個幾十萬兩金子出來的話，我願意去搞個反間計，搞臭他們君臣之間的關係，使得他們互相猜疑，見了面都不說話，那個時候我們乘機反攻，定能擊敗楚軍啦！」

劉邦：「好，非常好！不過……幾十萬兩，而且是金子，會不會有點多了？目前，我們也不富裕啊！」

陳平：「那就十萬兩！」

劉邦：「一萬兩！」

陳平：「哇，你當這是在菜市場啊，殺得也太狠了吧！最少也得八萬兩！」

劉邦：「兩萬兩行了吧，這可是黃金啊！」

陳平：「這是使反間計呢！經費不夠沒辦法搞的，我再減一下，六萬兩，少一兩都不行的。」

劉邦：「四萬兩一口價。好啦，小陳，就這樣啊！」

陳平從財務那裡領了四萬兩黃金。然後用重金收買楚軍之中的將士，讓他們散佈謠言說：「鍾離昧、龍且、周股等將領貢獻卓越，但項羽卻沒有給他們封王，他們將要和劉邦聯合一起將項羽搞成鹹魚，之後封王得銀子……」這些群眾演員都非常有職業道德，他們在茶館裡，在路上，在小便時，在一切適合閒談的地方，都會將這個中心思想變換著敍述方式表達出來，而且表達得很隨意很天衣無縫，臨了還會加上一句「千萬別跟別人說啊！」之類的話。不久之後，鍾離昧等人要聯合劉邦的消息，就在楚軍之中盛傳開了。

這些話傳到鍾離昧他們的耳裡之後，他們都覺得「身正不怕影子斜」，一笑了之。這些話傳到項羽耳裡時，他立刻就起了疑心，鍾離昧他們是立了不少功勞，自己的確是沒有給他們封王封地。於是從那時開始，項羽商量軍機大事的時候，都會背著鍾離昧等人，如果他們忽然進來的話，項羽也會立刻將話題轉到今日菜價，新婚姻法等話題上面去。甚至對亞父范增，項羽都開始變得不相信起來。剛好這個時候劉邦派了使者前來同項羽講和，項羽便順水推舟地派了使者回訪，而這名使者的真實身分是調查傳言的真實性的特派員。

使者來了之後，陳平命下人拿出金質的食具，並擺了滿桌子的豐盛的食品。使者一見十分高興。

使者：「謝謝漢王對我的款待，這次楚王派我來……」

陳平：「等等，倒一下帶重新說一下！」

使者：「倒到這次楚王派我來這裡麼？」

陳平：「啊，你是楚王派來的使者啊？」

然後陳平轉身跟身邊的人用很大的聲音耳語道：「我還以爲是范增派來的使者呢，怎麼是項王的使者？」陳平說完就命下人撤了所有的食物，換上了爛碗爛碟子，裡面放的都是窩窩頭和榨菜什麼的。

陳平笑道：「不好意思，搞錯了。」

使者說了一聲「靠」之後就拂袖而去了。路上愈想愈覺得委屈，邊抹眼淚邊往回走，到了項羽那邊之後竟趴在地上大哭起來。

項羽：「你怎麼這麼脆弱啊，發生什麼事情了？」

使者將那邊發生的事情添油加醋地跟項羽說了一遍，項羽對范增的懷疑又增加了一層。

范增對這些天來發生的事情一無所知。見項羽這麼久都不進攻滎陽，就三番四次地跑去勸項羽。范增在那邊分析利弊，苦口婆心地勸項羽及早採取行動，項羽卻在這邊挖耳朵、磨刀、刮鬍子。因爲心中對范增有疑心，根本就不理睬范增的勸說。范增終於明白原來項羽是在懷疑他的忠心了，再想起自己對項羽的忠誠，一氣之下說：「看來天下歸誰已經清楚了，君主你好自爲之吧！懇請你批准我告老還鄉吧！」范增只是說說而已，不想項羽卻順水推舟地答應了他的要求。范增一氣之下離開，路上愈走愈氣，還沒走到故鄉就氣死了。

范增走了，項羽又不相信鍾離昧等人，他也就沒有謀士可用了。陳平又施喬裝誘敵之計。他讓化妝師將紀信化妝成劉邦的樣子，打開東城門跑出去大喊道：「大家快來看啊，我投降了！」楚軍一擁而上去看熱鬧，劉邦和陳平等人則在掩護之下，趁著楚軍防範稀鬆從西門逃離了滎陽。

韓冬Say

謠言之所以會令我們討厭是因爲他會混淆視聽，讓別人形成對我們不好的印象。在戰爭之中這可有用了，尤其是用來離間對方內部關係的時候簡直是屢試不爽。陳平用的是收買內間的方法，不用來刺探對方的軍情，只用來傳播謠言，最後收到了很好的效果。記住，間諜也可以這樣用的。

爆笑版實例二

兩太監出宮記

袁崇煥有勇有謀，忠肝義膽，乃是明代著名將領。天聰元年，皇太極在寧遠和錦州戰敗。這兩次失敗讓他認識到袁崇煥的厲害，也讓他認識到袁崇煥乃是他從山海關進入中原的最大障礙。他決定繞道山海關，直逼北京，以此調動袁崇煥，然後伺機用反間計除去袁崇煥。天聰三年十月，皇太極率領幾十萬大軍，避開山海關，繞道內蒙古，進攻北京城。

袁崇煥正在山海關巡視的時候，就得到了皇太極進攻北京的消息，急忙點九千騎兵星夜趕往北京救援。袁崇煥將部隊駐紮在北京廣渠門外，沒有援兵沒有糧草，就靠著自己的英勇的官兵們的同仇敵愾同敵人作戰。他身先士卒，身上被插了一箭他還在衝鋒，身上插了三支箭他還在衝鋒，十支箭插在身上他依舊衝鋒，被插得像諸葛亮草船借箭裡面船上的草人了他還在衝鋒。身上插了這麼多支箭都可以打衝鋒，難道他是超人抑或是神仙？都不是，是因爲他穿了「防箭衣」。袁崇煥在廣渠門和左安門連獲兩次勝利，迫使皇太極部隊不停止對北京城的攻擊。皇太極咬牙切齒地說：「袁崇煥，咱們走著瞧！」幾天之後，皇太極就下令部隊向後撤兵五里後扎寨。撤退的時候他故意扔下一封他寫給袁崇煥的未發出去的議和書。這封議和書終於到了崇禎皇帝手中。崇禎皇帝見信裡面的口氣那麼親熱而又秘密，就對袁崇煥起了疑心。他秘密地派遣了很多貼身太監出城察訪此事。

太監甲：「此次皇上派我們出宮暗查袁崇煥通敵之事，責任可謂重大啊！」

太監乙：「這怎麼查呢？難道直接去問滿洲兵不成，人家也不會告訴我們啊！」

太監甲：「正所謂世界上沒有不透風的牆，如果袁崇煥真的通敵的話，外面一定會有傳聞的。而在江湖上，所有的傳聞都可以在酒館、茶館、客棧這些地方聽得到，所以我們只需要去喝酒吃茶就可以完成任務了。」

太監乙：「聰明！不過出入人多的地方，我們一定得注意隱藏自己宮裡人的身分才好，被發現就糟了。」

太監甲：「所以說我粘了假的鬍子在嘴上了，你要不要？」

太監乙：「我有，look，比關羽的鬍子更加長的鬍子。」

太監甲：「啊……這樣會不會有點誇張啊！」

兩人走進了一間客棧，坐定之後要了酒菜，便開始聽周圍的人說話。可是讓他們鬱悶的是，周圍的人沒有一個人談到國家大事和軍事的，都是男人在談論女人，女人在談論男人。

太監甲：「看樣子我們走錯地方了。這裡好像是非常男女。我們應該去茶館那種格調比較高點的地方。」

太監乙：「言之有理。我的鬍子帶著好熱啊，真不舒服！」

兩人到了路邊的一家茶館裡面。茶館裡面本來沒有幾個人，他們一坐定之後立刻來了好多人，所有的桌子上都開始談論袁崇煥通敵的事情，說得有鼻子有眼的，還有兩三個婦女說皇太極請袁崇煥光臨過他們。這兩個太監大爲驚訝，一方面驚訝於外面都傳得這麼厲害了，皇宮裡面卻一點都不知道；另一方面驚訝於皇上交給他們的任務這麼快這麼容易就完成了。兩人彼此交換了意見決定返回宮中報告皇上，他們剛要起身就被人抓住了。

太監甲：「你們幹嘛？幹嘛抓我們？」

滿洲兵：「你們兩個是死太監吧！」

太監甲：「不是啊，你沒看我們都有鬍子嗎？」

滿洲兵：「你們說話的聲音和你們高高翹起的蘭花指都已經將你們深深地出賣了，沒有用的，如你們這樣不完整的男人，就像黑夜中的螢火蟲那樣鮮明，那樣出眾，你們是沒辦法隱藏自己的身分的。跟我們走吧！」

太監乙：「跟你們走？哼！不知道你們有沒有聽說過一種名爲『葵花寶典』的功夫呢？」太監乙擺出金雞獨立的姿勢來嚇唬那些滿洲兵，不想那滿洲兵一巴掌拍了下來，太監乙就趴在了地上。他們終究還是被押到了滿營。

皇太極召見了副將高鴻中、參將鮑承先、寧完我等手下前來商量此事。他決定演一場名爲《反間道》的電影。由高鴻中去看守被抓來的那兩名太監，因爲高鴻中是漢人，會說漢語，讓那兩位太監覺得非常知音，他們聊得很投機，高鴻中擺出酒菜來招待他們。三人喝得有點暈乎的時候，鮑承先急急忙忙地衝將進來，剛要說話見兩個太監在，欲言又止，用很誇張的眼色示意高鴻中到門外說話，然後退了出去。高鴻中起身說要上廁所，也跟著退了出去，兩個人在門口假裝密談起來。那兩個太監悄悄走到門後去偷聽，他們聽到的內容是這樣子的：「袁崇煥已經和皇太極達成協定，願意議和。只要皇太極再退兵五里，他就會出來歸順投降。」兩名太監大驚。

高鴻中返回屋內之後，繼續和他們喝酒，羊肉加美酒，一塊接一杯，終於高鴻中大醉而退。那兩名太監乘守衛不備逃了出去，一路跑回了北京城，向崇禎報告了所見所聞所感。崇禎對袁崇煥的信任度急劇下降，正好有些嫉妒袁崇煥的官員上書說袁崇煥要歸順敵人，崇禎徹底地失去了對袁崇煥的信任，認定袁崇煥有通敵之罪。之後他以商議軍餉爲名，命令袁崇煥到紫禁城報到。當時北京城戒嚴，九門緊閉。袁崇煥是坐在一個筐裡面被吊到城牆之上的。袁崇煥一到紫禁城便被逮捕了。第二年八月十六日，袁崇煥在北京西市被凌遲處死。

韓冬Say

一代大將袁崇煥死得很冤枉，皇太極笑得很開心。由這裡我們看到即便要離間，也要看對象。崇禎皇帝本就是一個多疑的，剛愎自用的人，這才使得皇太極此計得以成功應用，而且他還沒有花銀子去收買，真是用間的典範。

爆笑版實例三

做一顆永不生銹的螺絲釘

U-2高空間諜飛機的正確稱呼爲：U-2高空戰略偵察機。它是由美國洛克希德・馬丁公司研製的單發高空戰略偵察機，素以飛得高，看得遠而聞名。U-2最紅的時候是二十世紀五六十年代美蘇兩國冷戰的時期，它曾經被美國當作超級秘密武器用來執行間諜飛行任務。那個時候美國經常派U-2飛機到蘇聯那邊飛來飛去，飛行員還可以邊吃口香糖邊悠閒地拍照，根本不用擔心被別的飛機追或者被導彈打下來。在當時，還沒有能搆得著U-2飛機的導彈，也沒有可以和U-2飛機飛得一樣高的戰鬥機。

令美國人大跌眼鏡的是，在一九六〇年五月十一日，由美國中央情報局的駕駛員弗朗西斯・加里・鮑威爾駕駛的一架U-2竟然在蘇聯斯維爾德洛夫斯克工業中心上空被薩姆導彈擊落，鮑威爾和飛機上的攝影機、答錄機等都完整無損，還被蘇聯人在莫斯科公開進行了展覽。美國高層陷入一片慌亂。

鮑威爾有問題還是那架U-2有問題？

難道蘇聯研製出了能飛這麼高的導彈？

是不是鮑威爾的飛機正好遇到了流星，被砸了下來？

直到一九六五年，一位名叫亞歷山大・尼古拉耶維奇・馬托列斯基的蘇聯特務走進美國中央情報局來投誠之後，這個謎才得以解開。事情的發生是這樣子的：

一九六〇年四月的一天，又有人向赫魯雪夫報告說美國又有U-2飛機飛來飛去地偵察了。赫魯雪夫聽完後久久地擡頭望著天。那個報告人員看赫魯雪夫望著天，以爲天上有什麼好看的，就跟著擡頭望天，卻什麼都沒看到。他見赫魯雪夫依舊擡頭望著天，便對赫魯雪夫說：「老大，U-2飛機用肉眼是看不到的。」

赫魯雪夫：「我只是陷入了沈思……你說如果有個人時不時地到你家來逛逛，這裡看看那裡瞧瞧，然後走人，你會不會覺得很鬱悶？」

報告人員：「就看是什麼人了，如果是一個美麗的女郎時常來我家逛逛的話，我會覺得非常開心。如果是老大您經常去我家逛逛的話，我會覺得非常榮幸的。」

赫魯雪夫：「我跑你家去幹嘛！看來是需要搞一架U-2下來研究研究了，他們說得沒錯。」

幾天後的一個深夜，赫魯雪夫的私人副官格蘭尼托夫，找了專管中東地區對外諜報的負責人馬林斯基。

格蘭尼托夫：「斯基同志，現在跟你宣佈一項來自中央的決定，我們需要弄一架U-2飛機回來研究，國防部無法完成這個任務，中央決定由你管轄的情報機關來完成這項光榮而艱鉅的重任。」

馬林斯基：「托夫同志，您放心吧！我們一定從美國偷一架U-2飛機扛回來。」

格蘭尼托夫：「扛回來？我要告訴你的是U-2飛機重五千九百三十公斤，還是想別的辦法吧！」

馬林斯基：「是！請轉告赫魯雪夫同志，我保證完成任務。」

翌日。馬林斯基訂了一張五折飛機票飛到了阿富汗的首都，一下飛機他就放了一個聯絡信號彈，信號彈非常美觀，機場的群眾都駐足觀看。馬林斯基到達賓館沒有幾分鐘，情報人員就都來了，整個房間塞滿了人。「哎呀，別踩我！」「別擠，別擠」的聲音響做一團，馬林斯基也被逼到了一個牆角。

馬林斯基：「怎麼會有這麼多間諜！」

間諜甲：「老闆，有什麼任務好介紹的嗎？我已經好久沒開工了！」

馬林斯基：「怎麼我都沒見過你！」

間諜甲：「我入行不久的。說起來間諜真是一份不錯的工作，收入好而且還充滿了神秘感，我很喜歡。」

馬林斯基：「對，做間諜最重要的就是非常酷！靠，我在說什麼啊！阿富汗這邊的負責人呢？沒到麼？」

這時從下面傳來一個聲音：「我在這裡，馬林斯基同志，我在這裡！」他的身上站著好幾個間諜。

馬林斯基：「你怎麼鑽到下面去了！」

負責人：「做間諜最重要的就是要注意隱蔽，不是嗎？請問有新的任務嗎？」

馬林斯基：「就你留下，其餘人全部離開！」

眾人「切」了一聲之後紛紛離去了。那位負責人從地上爬起來接受了馬林斯基的任務。他們暗中挑選了一名身爲帕坦族人的飛行員穆罕默德•嘉茲克•汗。這位飛行員是阿富汗空軍中最受尊敬和最優秀的噴氣式戰鬥機駕駛員。同別人一樣，他也覺得間諜這份工作非常酷，他非常喜歡。欣然接受任務之後，他穿著一身破舊衣服，跑到吉巴爾附近的一個小村莊，他從那裡乘著公共汽車進入了白沙瓦市。

穆罕默德找到了他的一個朋友，並將他約到了美軍機場附近的一個咖啡店裡面。他現在也是一名間諜了，作爲一名間諜最重要的就是要隱蔽，最好的隱蔽不是鑽到桌子下面，也不是躲到窗簾後面，而是「大隱隱於市」，表現得像個普通人一樣。他衣著破舊，配上一個破舊的背包，再加上許久沒有刮過的鬍子，一副失業工人的沒落樣。那位名叫布托的朋友來了。

穆罕默德：「我親愛的布托，你還好麼？」

布托：「還好，工作很輕鬆，而且薪水也不錯。我親愛的朋友，您看上去似乎有些疲憊。」

穆罕默德：「我失業了，我需要你幫我找份工作，比如在美軍機場打掃衛生、搬運貨物或者給飛機加油什麼的都行。」

穆罕默德說完就將桌上的方糖全部倒進了自己的咖啡杯裡面。

布托：「嘿，我親愛的朋友。這樣吃糖會得糖尿病的。」

穆罕默德：「我好久沒有吃過飽飯了，多吃點糖來補充一下肝糖元，正好這個也不用多付錢，不是嗎？」

布托：「看來你真的需要一份工作了，作爲朋友我一定會幫你這個忙的。」

幾個小時之後，穆罕默德就被帶到了白沙瓦市郊外，他頂替了美軍機場一名生了病的清道夫的工作。如此，他順利地混進了美軍機場。穆罕默德說話風趣，而且會說英語，加上他性格豪爽，工作賣力，樂於助人，沒過多久就和所有的人打成了一片。他用很多錢收買了一名空軍食堂的工作人員，得到了專門搞空中間諜飛行的雙十中隊已經調到了白沙瓦機場，並弄清楚了飛機的位置，知道了駕駛U-2飛機的是鮑威爾隊長。

他決定自己親自到飛機上動手動腳，不是對鮑威爾動手動腳，而是對飛機。這是非常危險的，一旦被發現的話他將身首異處，不過他還是下定了這個決心。經過他長時間地用高倍紅外望遠鏡的觀察，他發現了守護飛機的衛兵每兩個小時換一次崗，而他們換崗的地點都在飛機右舷位置，離機門還有一段距離。半夜兩點鍾，他趁換崗的哨兵在飛機的右舷聊天的時候，光著腳丫子悄悄地溜進了飛機，進入了駕駛艙。駕駛艙佈滿了各種各樣的儀錶，不過好在上面都用英文標著儀錶的名稱，還好他英文不錯，本身又駕駛過飛機，很快地他就找到了高度儀。所以說兄弟們，英文還是要好好學習的，這世界上最痛苦的事情莫過於你終於偷偷溜進飛機了，卻因爲不認識英文而找不到高度儀是哪個。正如大多數的儀錶一樣，高度儀的外面也罩著一個塑膠外殼，塑膠外殼由四顆細小的螺絲固定。他將右上角的那個螺絲擰了下來，換上了自己帶來的具有很強的磁性的一模一樣的螺絲上去。搞定之後，他就躺在機艙裡面聽外面的衛兵聊天。聊的也都是些關於女人、房價、足球等的話題。兩個小時之後他趁著換班，又悄悄地爬了出來，遠遁而去。

鮑威爾走上飛機的時候，並沒有發現什麼不同，一個細小的螺絲又有誰會去注意它呢。鮑威爾駕駛這飛機去蘇聯執行任務。當飛機升到一萬英尺的高度的時候，那個指標便被磁鐵吸引直接指向了飛機的最高限度六萬八千英尺。鮑威爾沒有再往高升飛機，就保持著這個高度飛進了蘇聯上空，一萬英尺的高度，蘇軍的導彈還是搆得著的，於是鮑威爾就被一下子打了下來。他感覺非常迷惘。赫魯雪夫對他和在聯合國的說法都是：「蘇聯已經擁有了洲際導彈。」這個謊言恐嚇了美國乃至世界兩年多，美國的U-2飛機再也沒有敢到蘇聯上邊去溜達過。

韓冬Say

多少飛機大炮都沒有辦法搞定的U-2，派了一個間諜去就輕鬆搞定。而且還完整地收集到了整個飛機上的東西用來研究，還可以對外宣稱說有了洲際導彈來嚇唬別人。從這一案例之中，我們可以清楚地看到間諜的重要性有多高。想快速地獲得勝利麼？用間諜吧！

國家圖書館出版品預行編目資料

爆笑版孫子兵法／韓冬著. — 初版.—
臺北市：風雲時代，2006〔民95〕
冊；　　公分

ISBN 978-986-146-308-7 (平裝)
1. 孫子兵法 - 通俗作品

592.092　　　　95017662

爆笑版孫子兵法

作　　者：韓冬
出版者：風雲時代出版股份有限公司
出版所：風雲時代出版股份有限公司
地址：105台北市民生東路五段178號7樓之3
風雲書網：http://www.eastbooks.com.tw
官方部落格：http://eastbooks.pixnet.net/blog
信箱：h7560949@ms15.hinet.net
郵撥帳號：12043291
服務專線：(02)27560949
傳真專線：(02)27653799
執行主編：劉宇青
美術設計：芷姍
法律顧問：永然法律事務所　李永然律師
　　　　　北辰著作權事務所　蕭雄淋律師
版權授權：韓冬
初版四刷：2011年6月
ISBN 10 碼：986-146-308-9
ISBN 13 碼：978-986-146-308-7
總 經 銷：富育國際股份有限公司
地　　址：台北縣新店市中正路四維巷二弄2號4樓
電　　話：(02)2219-2068
CVS通路：美璟文化有限公司
地　　址：台北市信義區莊敬路289巷29號
電　　話：(02)2723-9968

行政院新聞局局版台業字第3595號 營利事業統一編號22759935
©2011 by Storm & Stress Publishing Co.Printed in Taiwan
◎ 如有缺頁或裝訂錯誤，請退回本社更換

定 價：199元
版權所有　翻印必究
◎ 如有缺頁或裝訂錯誤，請退回本社更換

風雲時代

回風雲時代